前沿科技视点丛书

汤书昆 主编

太阳电池

戴松元 胡林华 丁勇 编著

SPM 南方出版传媒

全国优秀出版社 全国百佳图书出版单位 广东教育出版社

·广州·

图书在版编目（CIP）数据

太阳电池 / 戴松元，胡林华，丁勇编著 . —广州：广东教育出版社，2021.8

（前沿科技视点丛书 / 汤书昆主编）

ISBN 978-7-5548-4078-8

Ⅰ. ①太… Ⅱ. ①戴… ②胡… ③丁… Ⅲ. ①太阳能电池—青少年读物 Ⅳ. ①TM914.4-49

中国版本图书馆CIP数据核字（2021）第113592号

项目统筹：李朝明
项目策划：李杰静　李敏怡
责任编辑：蔡潮生
责任技编：佟长缨
装帧设计：邓君豪

太阳电池
TAIYANG DIANCHI

广 东 教 育 出 版 社 出 版 发 行
（广州市环市东路472号12-15楼）
邮政编码：510075
网址：http://www.gjs.cn
广东新华发行集团股份有限公司经销
广州市一丰印刷有限公司印刷
（广州市增城区新塘镇民营西一路5号）
787毫米×1092毫米　32开本　4印张　80 000字
2021年8月第1版　2021年8月第1次印刷
ISBN 978-7-5548-4078-8
定价：29.80元
质量监督电话：020-87613102　邮箱：gjs-quality@nfcb.com.cn
购书咨询电话：020-87615809

丛书编委会名单

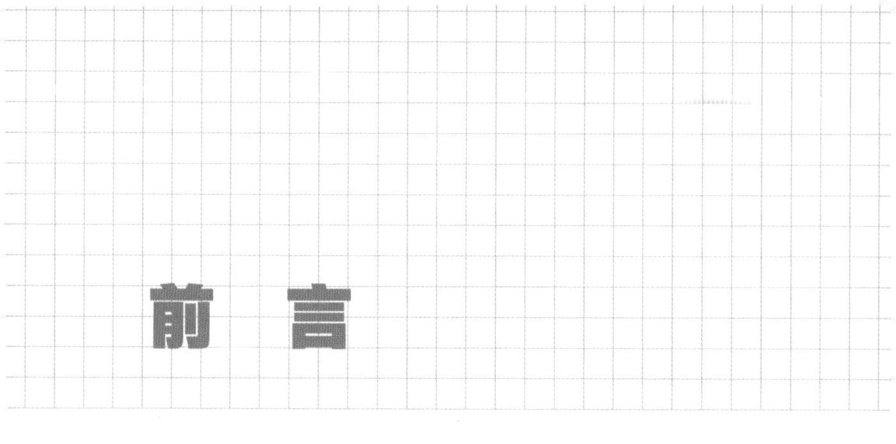

前 言

自2020年起，教育部在北京大学、中国人民大学、清华大学等36所高校开展基础学科招生改革试点（简称“强基计划”）。强基计划主要选拔培养有志于服务国家重大战略需求且综合素质优秀或基础学科拔尖的学生，聚焦高端芯片与软件、智能科技、新材料、先进制造和国家安全等关键领域以及国家人才紧缺的人文社会学科领域。这是新时代国家实施选人育人的一项重要举措。

由于当前中学科学教育知识的系统性和连贯性不足，教科书的内容很少也难以展现科学技术的最新发展，致使中学生对所学知识将来有何用途，应在哪些方面继续深造发展感到茫然。为此，中国科普作家协会科普教育专业委员会和安徽省科普作家协会联袂，邀请生命科学、量子科学等基础科学，激光科技、纳米科技、人工智能、太阳电池、现代通信等技术科学，以及深海探测、探月工程等高技术领域的一线科学家或工程师，编创“前沿科技视点丛书”，以浅显的语言介绍前沿科技的最新发展，让中学生对前沿科技的基本理论、发展概貌及应用情况有一个大致了解，以强化学生参与强基计划的原动力，为我国后备人才的选拔、培养夯实基础。

本丛书的创作，我们力求小切入、大格局，兼顾基础性、科学性、学科性、趣味性和应用性，系统阐释基本理论及其应用前景，选取重要的知识点，不拘泥于知识本体，尽可能植入有趣的人物和事件情节等，以揭示其中蕴藏的科学方法、科学思想和科学精神，重在引导学生了解、熟悉学科或领域的基本情况，引导学生进行职业生涯规划等。本丛书也适合对科学技术发展感兴趣的广大读者阅读。

本丛书的出版得到了国内外一些专家和广东教育出版社的大力支持，在此一并致谢。

中国科普作家协会科普教育专业委员会

安徽省科普作家协会

2021年8月

目 录

第一章　奇妙的太阳能

每天早晨我们睁开眼，迎着冉冉升起的朝阳，开始新一天的美好生活。朋友们，你们是否曾思考过太阳对我们人类来说有多么重要？太阳是何时诞生的？太阳能是怎么产生的？太阳能与其他能源又有什么关系？人类是如何利用太阳能的？让我们一起来探索奇妙的太阳能。

1.1
太阳与太阳能

太阳的诞生

大约46亿年前，在宇宙中的一个小角落里，一个星云中的氢分子由于引力不平衡而逐渐聚集，星云开始坍缩。聚集中心的温度、压力随着坍缩时质量增加而开始不断上升。当温度达到约10^8 ℃时，中心的氢原子被“点燃”——核聚变反应开始发生，聚变的张力抵抗着引力的收缩，使这个坍缩体保持平衡，于是一个小小的恒星——太阳，就宣告诞生了。

太阳这样的出生、成长过程与其他宇宙中大多数恒星的生命历程并无区别，但是在随后的1亿年里，原来太阳星云中的物质不断聚集，变成了太阳系中的卫星、小行星、行星、彗星等星际物质，于是渐渐形成了太阳系。正是这个星系中心的存在，我们生活的星球上才会出现宇宙中独一无二（至少现在看是这样）的物质形态——生命。所以，这个在宇宙中并不特别的恒星，才会对我们无比重要。由于上述一系列的形成过程，因此太阳获得了约100亿年的寿命，按照天文星体的寿命演算方式，目前46亿岁的太阳正值壮年，地球对太阳能的利用还能持续约40亿年的时间。对我们人类而言，太阳的寿命可以说是“永恒”的。

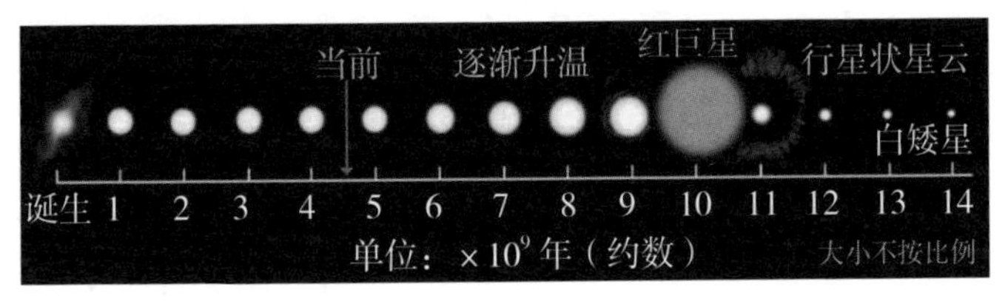

◆太阳的生命周期

能源之母——太阳能

宇宙中万事万物的运转都需要一种特殊物质——能量。细菌或病毒寄生、繁殖；植物开花结果；动物跑动、跳跃；天空中云卷云舒、风雨变幻，甚至四季交替，沧海桑田；包括我们健身运动、读书看报等，这一切行为都需要能量。换句话说，今天我们看到的绝大多数现象，都可以用能量的变化来解释，而未来创造的一切，也都需要利用能量。利用能量实质上是一个消耗能量过程——将可以简单利用的能量（如食物中的化学能、风的动能等）转变为难以利用甚至是不能使用的能量（如空气中的热能、岩石中的内能等）。我们把自然界中可以直接或通过转换后，可为人类提供有用能量（如热能、电能、光能、机械能等）的物质资源称为能源。

地球上的能源多种多样，从远古钻木取火所使用的木材，到古代水轮车用的水流，再到近代被人们开始广泛使用的煤炭、石油、天然气，还是现今我们生活中随处可见的“电”，就连我们每天吃的食物也是一种能源——提供了我们活动的能量。这一切都是地球给予我们的能源。可是地球上的能源从哪儿来呢？事实上，地球上绝大部分的能源来自太阳。

◆水车运水

◆食物

太阳能的来源——核聚变

太阳的能量来源于它内部的核聚变反应。根据著名物理学家爱因斯坦（A. Einstein）提出的广义相对论和质能方程，我们知道物质是可以转化成能量的，而且即使是质量较小的物质，当它们完全转变成能量时，其值也是巨大的。例如，一块橡皮约6 g，如果这橡皮的质量全部转化为能量，大约可以提供1.5×10^{8}度的电能，以平常人家一个月400度用电计算，这一块橡皮所转换的能量可以供应3万户家庭一年的用电。当然，以目前的科技水平，我们还不能简单直接地将质量转变成能量，我们所知的能这样产生能量的方法有核聚变和核裂变两种，而太阳恰恰就是利用了核聚变来产生巨大能量的。

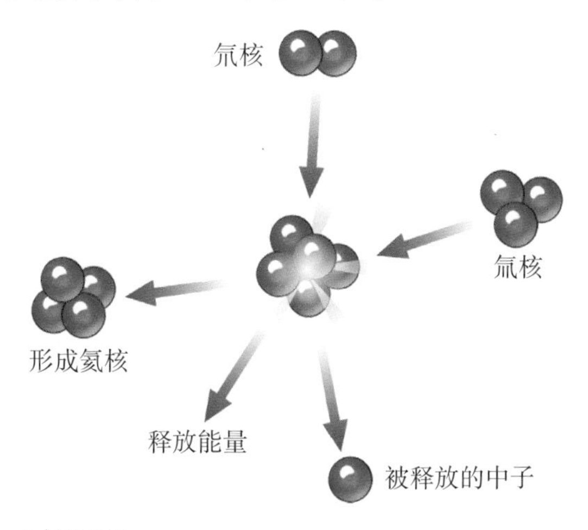

◆核聚变

太阳中的氢原子在太阳内部高温和高压环境下，氢原子核聚集形成了氦原子核，而单个氦核的质量要小于形成它的两个氢核的质量之和，而消失的这部分质量就以能量的方式被释放了出来。太阳每秒大约有6.55×10^{11} kg的氢通过核聚变变成6.5×10^{11} kg的氦，伴随着5×10^{9} kg的质量被转换成大约4×10^{26} J的能量。结合前面提到的橡皮例子，可见太阳所蕴含的能量极其巨大。

太阳产生的大部分能量被释放到太空中，而地球接收到的能量只是太阳释放能量的2.2×10^{-10}。然而估算下来，太阳每年辐射到地球的能量相当于燃烧1.37×10^{17} kg煤所产生的热量，大约为目前全球一年内一次能源消耗量的7000倍。

太阳能与其他能源的关系

地球上大部分能源来自太阳，我们今天获得的能源形式，其实都是对太阳能跨时间、跨空间的利用。我们燃烧的木柴是树木通过光合作用生长形成的；我们使用的化石能源，如石油、天然气等，都是地球上的生物残骸经过千百万年演变而来的；我们利用的风能是由于太阳照射造成地球表面受热不均，引起大气层中的压力不均衡而使空气流动造成的；等等。因此，“万物生长靠太阳”这句谚语真实地反映了我们所使用能量的来源。实际生活中，除核能和潮汐能外，几乎我们每一项活动所耗费的能量，都是来自太阳。如果我们可以直接利用太阳辐射到地球的光能，那么我们可以获得比现在可用资源储量更多的能量。以现在太阳的寿命来看，我们还能获得可以说是用之不竭的能源，而地球上目前可开采的化石能源预计只够使用50~100年。因此，未来对于能源的利用方面将会从化石能源向可再生能源转变，而从储量和利用方面来看，太阳能将会成为可再生能源中的主力。

太阳能的优缺点

随着传统化石能源日益消耗，能源消费和经济增长之间的矛盾也日益显著，能源危机已经成为我国乃至全世界关注的焦点。人们逐步意识到了发展新能源是势在必行的一件事情。太阳能作为绿色环保的新能源，与传统能源相比，主要有以下三个优点。

第一，普遍性。太阳能遍布地球各个角落，陆地、海洋、高山、岛屿各处皆有。除此之外，太阳光是可以被我们直接利用开发的，不存在运输问题，尤其对交通不发达的农村、海岛和边远地区更有利用的价值。

第二，清洁性。太阳能是一种清洁能源，在开发和利用的过程中不会产生有害的物质。

第三，丰富性。太阳能是人类可利用的最丰富的能源。据统计，在过去的11亿年中，太阳仅消耗了它本身能量的2%，可以说是取之不尽，用之不竭。

然而从太阳能利用的角度来看，太阳能主要存在以下两个缺点。

第一，分散性。尽管太阳照射到地球的辐射总量很大，但能量密度相对较低。在日照较好的情况下，地面上接收到来自太阳的能量密度平均只有1 kW/m^2。往往需要相当大的采光集热面才能满足使用要求，从而使装置的面积大，用料多，成本增加。

第二，不稳定性。太阳能会受到季节、昼夜、天气、纬度和海拔等限制和影响，到达地表局部的太阳辐照是间断和不稳定的，这也给太阳能的大规模应用增加了难度。

1.2 人类利用太阳能的历史追溯

奥林匹克圣火的来源

2008年北京奥运会盛大的开幕式为全世界献上一道底蕴深厚的中国文化盛宴。除了精彩绝伦的节目表演，开幕式上最激动人心的一刻，莫过于圣火点燃的那一瞬间，熊熊火焰点亮了沉寂的夜空，也点燃了全世界的奥运梦想和激情。

奥运圣火通常在奥运会开幕前几个月，于希腊奥

◆首席女祭司取火

林匹亚山的赫拉神庙前被点燃，一般先由首席女祭司在赫拉神庙前朗诵致太阳神的颂词，再将采集火炬置于一个凹面镜的中央，利用凹面镜聚集太阳光产生高温，最终引燃圣火。随后，火种会被保存，再通过火炬一站接一站传递到当届奥运会主会场。由此可见，象征着光明、团结、友谊的圣火其实也是源于太阳。

人类对太阳能的追求

人类自诞生之日便开始了对太阳能的不断追求。新石器时代的人类便开始了“刀耕火种”，此时人类虽然对光合作用一无所知，却已经逐步了解到阳光雨露对农作物的重要性，也逐步开始了对太阳能的追求。

我国是世界上最早利用太阳能的国家。据《周礼·秋官司寇》记载，早在周代就有人用一种名为“阳燧”的工具，通过聚焦太阳光进行取火。

◆阳燧

西方国家对太阳能的追求也早有渊源。相传在公元前3世纪，古希腊人通过凹面镜聚焦太阳光点燃了敌方舰船，最终击退了古罗马人的进攻，保卫了自己的国家。后来，人们为了考证这一传说，进行了多次验证实验。1747年，法国科学家布丰将360面边长为15 cm的正方形镜子围成了一个抛物面形状的大反射镜，这反射镜能让反射的太阳光都集中在70 m外的木柴堆上。经过一段时间，木柴发出了“吱吱”的响声，接着开始冒烟，随之燃烧起来。1973年，希腊工程师萨卡斯制作了一批表面十分光滑的盾牌，并让士兵们将盾牌反射的太阳光都聚集到50 m外涂有沥青的木船上，几秒钟后这艘木船就被点燃了。

可见，采用聚光的方式利用太阳光是人类利用太阳能的最原始方法。此后，人类对太阳能的利用形式逐渐拓展开来，开始利用太阳能进行晾晒（杀菌）衣物、书本等，晒盐，加热水和食物，驱动发动机、抽水机；同时也逐步开始了太阳能发电的历程。如今，太阳能已被广泛应用于培育、制热、制氢、发电和航空等多个领域。

人类利用太阳能的方式

目前人类利用太阳能的方式主要有光热转换、光电转换、光化学转换。

（1）光热转换。

光热转换是将太阳能直接转换成其他物质内能的过程。太阳能热水器就是最典型的一种光热转换装置，它的核心转换器件便是太阳能集热管。

太阳能集热管的内外层之间为真空，其膜层由内向外依次是玻璃、红外反射层、吸收层和减反层。太阳辐射透过太阳能集热管的外管，使太阳能转化成水的内能，水温升高，密度略微减小，形成一个向上的动力，因此热水向上运动，而冷水向下运动。如此循环，最终整箱水都将升高到一定的温度。

◆太阳能集热管的规模化利用

（2）光电转换。

光电转换是将太阳能转换为电能的过程。目前，利用太阳能发电的途径有光热发电和光伏发电两种。

光热发电通常需要经过“光—热—电”的转换过

程，以热能为中间能量形式来实现，目前太阳能光热发电主要有热电直接转换和蒸汽热动力发电两种方式。

热电直接转换，即将太阳提供的热能不经过其他形式转换，直接转换为电能的发电形式，其通常要利用特殊的化学或物理现象。例如，金属或半导体材料的温差发电现象、碱金属热发电转换以及真空器件中的热电子和热离子发电现象等。

◆ 碟式聚光太阳能热发电系统

蒸汽热动力发电，即利用太阳提供的热能制造蒸汽，再将高温高压蒸汽的热动力驱动发电机发电。其能量转换过程与热电转换最大的不同是它一般以“光—热—机械—电”的形式完成能量转换。此外，蒸汽热动力发电往往需要大型的聚光装置和集热器，用来集中热量产生高温高压的水蒸气推动汽轮机转动，从而带动发电机发电。

光伏发电是根据光伏效应原理，将光能转变为电能。光伏发电的核心元件是太阳电池，它是将太阳能转化成电能的装置，当太阳光照在太阳电池上并被其吸收时，太阳电池材料中的电子和空穴会分别向太阳电池的两极集中并产生电势差。如果太阳电池两极被连通，则形成回路。

◆光伏发电站

（3）光化学转换。

光化学转换是将太阳能转换成化学能的过程。众所周知，植物依靠叶绿素将光能转化成化学能，实现自身的生长和繁衍。如果光化学转换的奥秘能被揭晓，则可实现人造叶绿素发电。目前，太阳能光化学转换正在被积极探索和研究中。

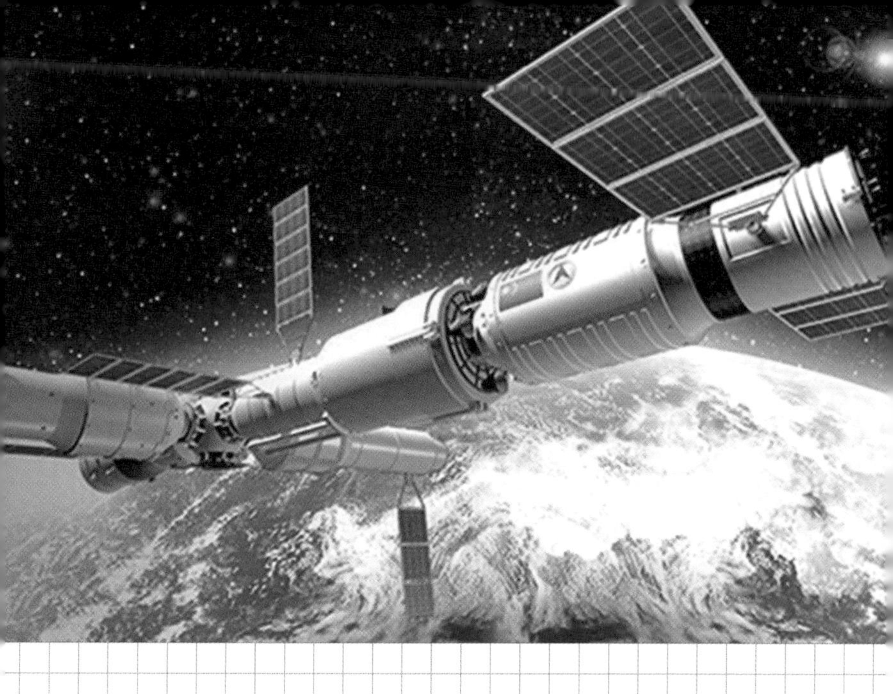

第二章　太阳能的利用

太阳能是地球最重要的能量来源之一。太阳辐射的能量一方面维持地球地表温度，对地球水循环和生物活动起着调控作用；另一方面，植物的光合作用和人类基于光伏效应开发出来的太阳电池都是利用太阳能的重要形式。光合作用与太阳电池在工作原理上有着一些相似之处。因此，本章将着重介绍光合作用、光伏效应以及太阳电池的发展历程和应用，揭示从自然到人类对太阳能的利用。

2.1

惠及万物——光合作用影响大

光合作用是把太阳能转换成可储存化学能的一个过程。地球上的生物通过有氧呼吸作用把葡萄糖（$C_6H_{12}O_6$）等有机物分解产生二氧化碳（CO_2）和水（H_2O），并释放能量。同时可进行光合作用的生物吸收CO_2并将其转化为有机物，释放氧气（O_2），这样在地球上建立了一个碳循环，为地球生态圈提供重要的能源与物质基础。

由于自然界中的光合作用是非常高效的生物合成反应，它不仅可以消耗产生温室效应的CO_2，而且能制造有用的有机物，因此科学家尝试设计人造树叶，让光合作用更好地满足人类的需要。此外，科学家还基于光合作用的原理，设计出颇具应用潜力的人工光合作用来为人类提供清洁的燃料。

光合作用的奥秘

大约20亿年前，一部分原始生命开始通过光合作用制造出有机物。它们利用叶绿素，借助太阳光的能量，把吸收的H_2O和CO_2转化为有机物，同时向大气释放出O_2。光合作用产生O_2，为无法自己生产有机物的高等生物的出现打下了物质基础。

在绿色植物中，光合作用发生在一个被称为叶绿体的特殊细胞器中，其腔体内含有多种色素，主要是叶绿素。这些色素可以捕获用于光合作用的光能。因此，叶绿体成了植物进行光合作用的重要场所。光合作用可以分为两个阶段，即光反应阶段和暗反应阶段。光反应阶段是一个复杂的过程，但概括起来，它是光经过一系列反应使H_2O分子裂解生成O_2和还原氢［H］的过程。此外，色素吸收的太阳能有一部分通过酶的催化储藏在三磷酸腺苷（ATP）中。在暗反应阶段，光反应生成的［H］和ATP将CO_2转化成有机物。

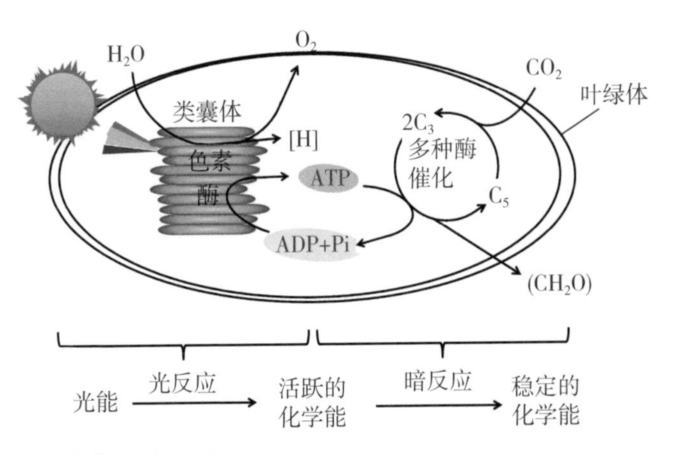

◆光合作用的过程

在光合作用过程中，CO_2和H_2O是原料，有机物和O_2分别是产品和副产品，光是动力，而叶绿素则是关键的“生产车间”。这里的有机物包括单糖、二糖和多糖，如我们所熟悉的$C_6H_{12}O_6$是一种典型的单糖。在地球生态圈中，植物光合作用产生的O_2成为绝大多数生物赖以生存的基础，而植物体内累积的有机物会通过食物链被动物所利用。

绿色植物每年通过光合作用所转换并储存的太阳能约为$5×10^{21}$ J，这至少相当于20万座三峡水电站一年的发电量。光合作用在将太阳能转换为化学能的过程中，也把大气中的CO_2“变废为宝”，抑制了温室效应，为地球的生态系统做出了重要贡献。此外，对于人类来说，粮食、木材、水果等农林产品，无不来自光合作用。换句话说，没有光合作用，人类将无法生存和发展。

事实上，植物通过光合作用存储的太阳能只占地球的太阳能资源中极少一部分，于是科学家希望实现大规模且人为可控的光合作用来利用更多的太阳能，并由此改善大气环境。一种直接的思路是将绿色植物中的叶绿素直接提取出来，实现人为控制的光合作用。英国剑桥大学的研究人员发现将植物叶片中的叶绿体提取出来嵌入稳定的蚕丝纤维中，可以使叶绿体保持稳定的生物活性，并且能实现在植物体内同样的光合作用效果，即“人造树叶”。如今，人们将人造树叶与生活中的灯具相结合，在吸收利用更多太阳能的同时产出了更多的O_2，为人们营造更加清新的居家环境。

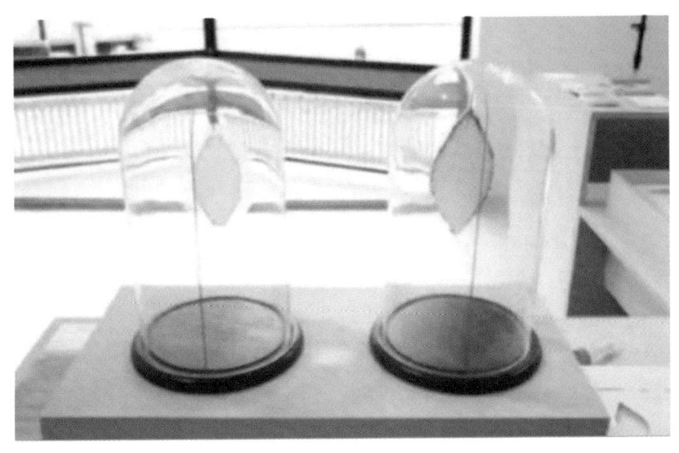

◆人造树叶

人工光合作用潜力无穷

自然界的光合作用除合成营养物质和释放O_2外，还有一个重要作用是吸收CO_2，降低温室效应影响。由于提取叶绿素的过程复杂且低效，人造树叶的大规模制备和应用尚存在困难。因此，科学家在自然光合作用的原理启示下，设计出人工光合作用，直接利用CO_2生产人们所需要的有机物。

人工光合作用是通过将纳米材料与生物催化剂（如工程菌）结合，模仿光合作用，建立一个具有将

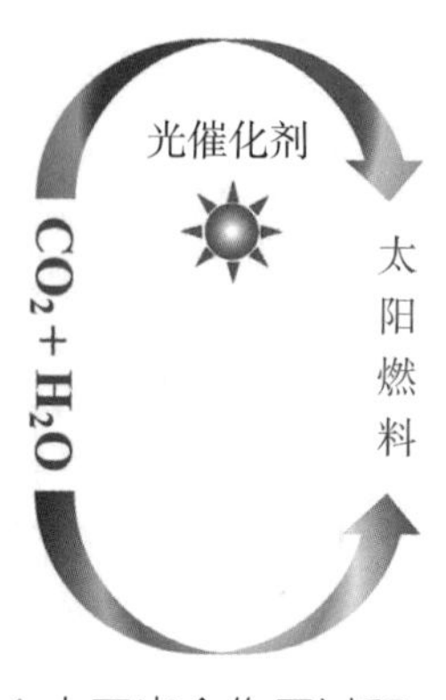

◆人工光合作用过程

CO_2和H_2O转换为各种有机物功能的人工系统，其主要产物是甲醇（CH_3OH）等有机物。该过程可以循环利用H_2O和CO_2，更加方便地将太阳能长期储存和利用起来。由于CH_3OH是利用太阳能合成的，太阳能以化学能形式储存在CH_3OH分子之中，所以人们常把CH_3OH称为太阳燃料。同时，CH_3OH常以液态形式存在，易于储存，且燃烧后只生成CO_2和H_2O，是一种环境友好型的液态太阳燃料。人类利用人工光合作用将CO_2“变废为宝”生产出太阳燃料，在减少大气污染的同时，还能延缓地球化石资源的枯竭。此外，人工光合作用在大气主要成分为CO_2的火星上具有更为广阔的应用前景，有助于解决人类探索火星所面临的能源问题。

除了利用工程菌等生物催化剂作为人工光合作用

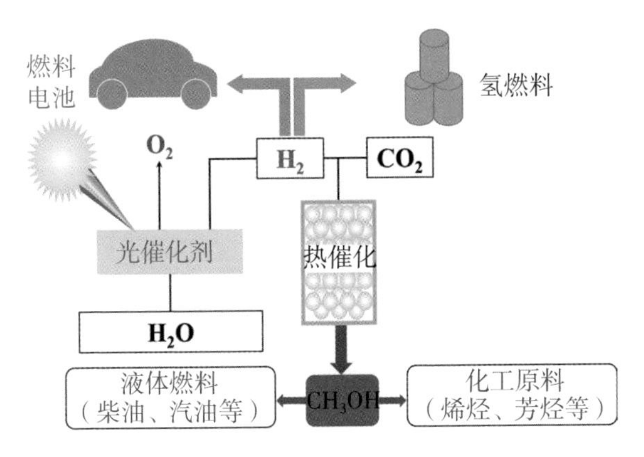

◆CH_3OH的多种用途

的催化剂外，近年来科学家们另辟蹊径，研发出许多无机半导体材料催化剂来实现太阳光驱动的水分解制氢。这就是光催化研究，它是进行人工光合作用的另一种途径。二氧化钛（TiO_2）是研究最为广泛的一种无机光催化剂。日本研究人员发现，将TiO_2电极与铂（Pt）电极相连放入水中，在太阳光照射下即可产生H_2和O_2，这种过程要比传统的电解水制氢耗能更少。燃烧H_2不会产生CO_2，这对抑制温室效应有极大作用；同时，H_2的燃烧热值位居各种燃料之首，且贮存体积小，是新能源汽车和航天器的重要能量来源。

以自然为师，与环境友好相处

通过前文介绍，我们了解了太阳能是我们的生命源泉，而绿色植物通过光合作用将这种重要的能源转换并储藏起来为我们所用。人类生存离不开自然，因此要学会保护自然，与自然和谐相处。一方面，自然是人类最好的老师，为了更好地与自然和谐共处，科学家们一直在努力探索有益于环境的可行之路，从人造树叶、人工光合作用到光催化研究，无不体现着人类向自然学习，为保护生物共同的家园做出贡献；另一方面，历史上有许多经验教训告诉我们，如果失去对自然的敬畏，必将受到自然的惩戒。因此，我们应该积极倡导植树造林，禁止乱砍滥伐和猎杀动物，保护自然生态平衡。

目前，我国处于经济发展转型时期，经济的高质量发展成为新目标。我们要牢固树立和践行坚持“绿水青山就是金山银山”的理念，不但要保护好身边的自然环境，更要树立远大的人生理想，发奋学习，为环境保护和清洁能源事业贡献自己的一份力量。

◆绿水青山

2.2 “格物致理”——光伏效应知多少

光合作用是生物对太阳光的利用，本质是太阳能转换为化学能。随着物理学的发展，科学家们发现许多材料也能吸收光能并转换为其他能量为人类所用。其中，将太阳能转换为电能的物理效应成为了人们的关注焦点，这便是“光伏效应”。

18世纪，人们对于电学的研究主要集中在静电领域，而对于如何持续发电还知之甚少。人们很早便在自然界中观察到有些鱼（如电鳗、电鲶等）会放电，科学家们相信通过研究能够解开这一谜题，并期望研制出一种设备实现持续放电。

当时，意大利物理学家伏打（A. Volta）通过一系列的实验，发现不同种类金属互相接触会产生短暂的电流，他称之为“接触电”。但是这种现象只能在很短的时间内进行，达到电平衡状态后不再有电流产生，那么如何持续稳定地产生电势差呢？为了解决这一关键问题，伏打开始了漫长的实验探索。他一开始在金属锌与银的圆片之间放了一块被食盐水浸润过的湿抹布，发现两端金属通过导线连接能产生电流。随后，他将若干组圆形铜板与锌板相互叠加，并在这些圆板之间放上一张用盐水浸湿的纸片，形成了一个电堆。这种电堆能持续产生电流，被公认为人类历史上最早的电池，即著名的伏打电堆。

◆伏打为拿破仑演示伏打电堆

1839年，法国物理学家亚历山德雷（A. E. Becquerel）基于伏打电堆的实验思想，意外发现将氯化银（AgCl）放在酸性溶液中，用两片浸入电解质溶液的Pt金属作为电极，也能构成伏打电池。当有太阳光照射时，伏打电池就会产生电动势，他把这种现象称为“光伏效应”。后来人们将这种液体中的光伏效应称为“贝可勒尔效应”。但当时他并没有研制出可以直接将太阳能转换为电能的装置。直到1876年英国物理学家亚当斯（W. G. Adams）研究发现在半导体硒（Se）和金属接触处有类似于贝可勒尔效应的光生电流的产生，这才发现了固体的光伏效应。

1887年，德国物理学家赫兹（H. R. Hertz）在火花放电实验中首次发现了“光电效应”，即金属表面在光照作用下发射电子的效应。1905年，爱因斯坦发表了题目为《关于光的产生和转化的一个试探性观点》的论文，创造性地使用光量子理论解释了光电效应。之后，爱因斯坦因光电效应理论得到了实验证实，荣获1921年诺贝尔物理学奖。这为科学家进一步探究太阳能转换为电能的理论和实际应用提供了坚实基础。

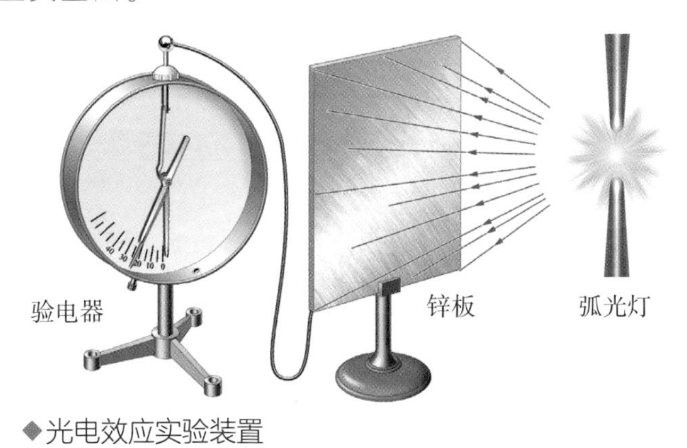

◆光电效应实验装置

后来人们通过实验对比发现，相对于其他固体材料，半导体材料的光伏效应最为明显，于是科学家们着手研制了许多半导体器件。PN结是一种由N型半导体（电子浓度较高）和P型半导体（电子浓度较低）组合而成的半导体器件，在光照条件下会产生光生电动势，如果接入电路就会检测到电流的产生。因此，PN结的光伏效应原理被广泛应用于太阳电池的研究和设计中。

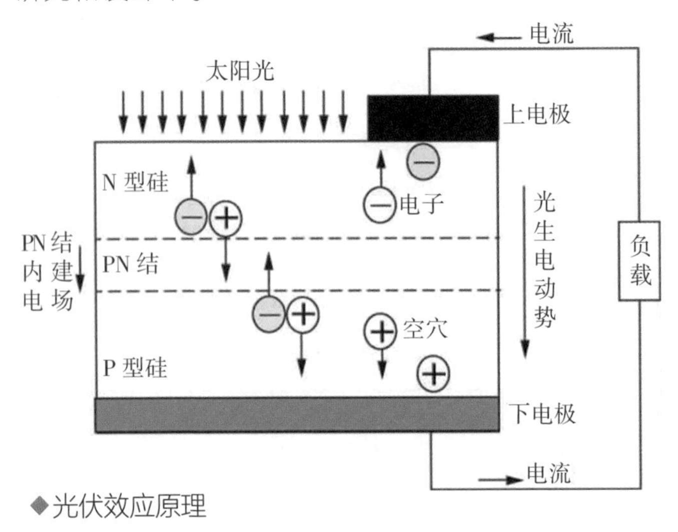

◆光伏效应原理

知识链接：贝可勒尔物理世家

亚历山德雷出身于贝可勒尔家族，这个家庭四代共涌现了五位物理学家。这五位物理学家中除因去世较早而不广为人知的路易·阿尔弗雷德（L. A. Becquerel，亚力山德雷的哥哥）以外，其他四位都是做出过卓越成就的物理学家。亚力山德雷本人以液体中的光伏效应闻名于世，而他的父亲安东尼·塞舍尔（A. C. Becquerel）促进了电化学的创立，也是率先研究电致发光现象和通过电解方法从矿物中提取金属的物理学家。亚力山德雷的儿子安东尼·亨利（A. H. Becquerel）因发现天然放射性现象，与居里夫妇共同获得1903年诺贝尔物理学奖，放射性活度的国际单位也因安东尼·亨利的卓越贡献被命名为“贝可勒尔”（简称“贝可”，符号Bq）。亚力山德雷的孙子让（J. Becquerel）也是法国颇负盛名的物理学家。

◆贝可勒尔家族中的五位物理学家

2.3
化光为电——太阳电池用途广

现今主流的太阳电池是一种基于PN结光伏效应原理制备的半导体器件。它能在光生电动势的作用下产生光生电流，这样就能为各种电器供电。目前太阳电池的半导体材料主要包括单晶硅、多晶硅、砷化镓（GaAs）、碲化镉（CdTe）、铜铟镓硒（CIGS）、钙钛矿型材料等。我国对太阳电池的发展也极为重视，除了大力支持太阳电池的基础研究以外，也发挥制造业大国的优势，努力促进全球光伏产业的发展。如今光伏发电产业已成为清洁能源领域的重要组成部分，同时新型太阳电池也为可穿戴设备、5G通信产业和人类航天事业提供了重要支持。

蓬勃发展的太阳电池

自1839年发现贝可勒尔效应至今，人们探究光伏发电技术已历时180多年，基础研究和工业应用都得到了极大发展。

1883年，美国发明家弗里兹（C. Fritts）基于亚当斯提出的固体光伏效应，通过在Se上镀一层金（Au）制得了世界上第一块太阳电池——硒光电池。1884年，弗里兹在纽约市的一个屋顶上搭建了世界上第一块太阳电池板。然而，尽管人们对硒光电池进行了许多研究，但其光电转换效率一直难以提升，在光伏发电产业被硅太阳电池所取代。尽管如此，硒光电池因其对光信号的响应度好，至今仍被应用于测光表中。

◆世界上第一块硒太阳电池板

在硒光电池诞生后，科学家对其他固体半导体材料的光伏效应探究也如火如荼地进行，并取得一系列进展。然而，对太阳电池的产业化应用起到决定性作用的，是1954年由美国贝尔实验室乔宾（D. M. Chapin）、福勒（C. S. Fuller）和皮尔森（G. L. Pearson）研制的晶硅太阳电池。美国贝尔实验室于1954年4月25日在美国新泽西州用他们的太阳电池板转动一座小型玩具摩天轮和为一台无线电发报机供电。这块硅太阳电池板的光电转换效率大约为6%，与之前的太阳电池相比，取得了极大的进步。当时《纽约时报》评论说，“晶硅太阳电池可能标志着新时代的开始，最终会实现人类最渴望的梦想之一，即利用几乎无限量的太阳能于人类的文明上”。后来的历史证明，以晶硅太阳电池为代表的太阳电池极大助力了人类在航天、能源、环境保护等领域的探索，并且已经深刻改变了人们的生活。

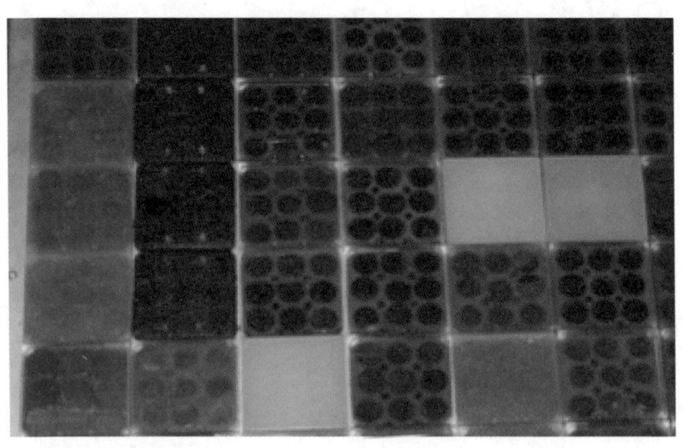

◆1954年美国贝尔实验室组装的首个太阳电池板

1955年，美国霍夫曼电子半导体公司推出光电转换效率为2%的商业太阳电池产品。随后仅用了五年的时间，美国霍夫曼电子半导体公司就将单晶硅太阳电池的光电转换效率提升到14%，展现了硅太阳电池极大的应用潜力。不过，由于早期硅太阳电池的生产造价极高，其应用主要集中在航天领域。随着硅太阳电池技术商业化的推进，太阳电池制备成本不断降低，太阳电池的应用逐步转向一般民生用途上，如今基于晶硅太阳电池的光伏电站更是民用光伏发电产业的重要组成部分。

◆使用晶硅太阳电池的光伏电站

1976年，卡尔森（D. E. Carlson）等人设计出世界上第一块非晶硅太阳电池。1980年，日本三洋电气公司率先生产出利用非晶硅太阳电池供电的袖珍计算器。尽管人们发现，非晶硅太阳电池的光电转换效率低于晶硅太阳电池，但由于其在室内光照条件下即可产生电流（即弱光性能好），且制备成本较低，故被广泛应用于光伏建筑一体化、室内小型电子产品、户外照明等领域。

除了硅太阳电池外，其他新型太阳电池的研究也在如火如荼地进行中。1985年，日本柯达公司的邓青云设计出了最早的有机太阳电池结构。1991年，瑞士洛桑联邦理工大学的格雷策（M. Grätzel）教授研制出光电转换效率达到7.1%的染料敏化太阳电池（DSC）。这两种太阳电池均可柔性化生产制备，不仅极大地降低了太阳电池的生产成本，还可用于可穿戴设备（如可穿戴手表、可穿戴摄像机等）的电能供应，具有广阔的市场前景。

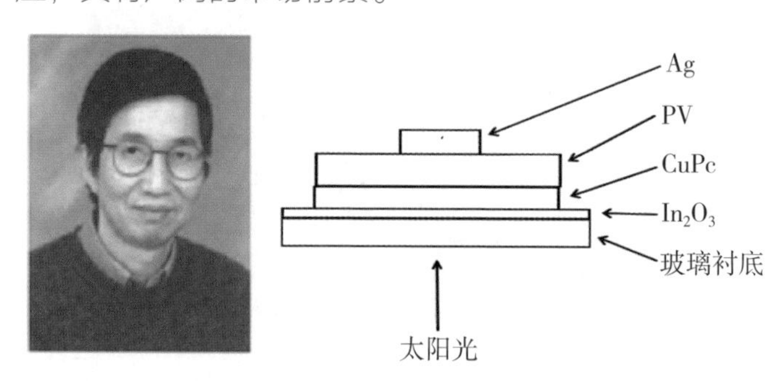

◆邓青云及其设计出的最早有机太阳电池结构

根据国际能源署预测，到2030年，全球光伏累计装机量将达到172 GW，到2050年将进一步增至467 GW，光伏行业发展潜力巨大。在产业领域，单晶和多晶硅太阳电池组件的市场价格将稳定在0.5~0.8元/W的低价，这进一步为光伏发电拓展市场提供成本优势。在科研领域，美国国家能源实验室研制的多节聚光太阳电池的光电转换效率已经达到了47.1%，是目前实验室制备太阳电池的最高效率值；而太阳电池组件的最高光电转换效率纪录由澳大利亚新南威尔士大学保持，其研制的复合型多节聚光太阳电池组件的光电转换效率已达到40.6%。

太阳电池助力“嫦娥奔月”

中国古代的《山海经》中记载了“嫦娥奔月”的神话故事——嫦娥因服用了西王母赐给丈夫后羿的一颗不老仙药后飞天成仙，当天正是农历八月十五，月

◆ “嫦娥奔月”

亮又大又亮，嫦娥便停在了离地球最近的月亮，从此长居广寒宫，这也是中秋节的由来。这个神话故事反映出中华民族自古便有对太空的思索以及对飞天的向往。如今，我国航天事业作为新时代国家级工程，关乎国家经济建设、科技发展、国家安全和社会进步。我国对于航天事业的重视，不仅是中华民族求知探索精神的体现，更符合国家发展的要求和人民的福祉。

进入近现代，随着飞行器和火箭推进技术的发展，世界上许多国家都开展了空间探测研究，为我国航天事业提供了许多值得借鉴的经验和教训。例如，卫星和航天飞机所涉及的能源来源问题。即便航天器携带储电量再大的电池，也会由于无法获得电力补充，航天器最终陷入瘫痪状态。1970年4月24日，我国第一颗人造地球卫星——“东方红一号”卫星在酒

◆“东方红一号”卫星

◆“实践一号”卫星

泉卫星发射中心发射成功。遗憾的是，由于卫星只采用银锌电池供电，其实际工作寿命仅为28天。将太阳电池组件应用于航天中，使航天能源问题得到解决。一年之后，与“东方红一号”外形相同、总体方案相近的我国第二颗人造卫星——“实践一号”成功采用了太阳电池供电，加上其他方面的技术完善，其寿命将近八年。

我国的月球探测工程是从2004年正式开展的，并将此工程命名为“嫦娥工程”。“嫦娥工程”分为“无人月球探测”“载人登月”“建立月球基地”三个阶段。在“嫦娥工程”中，太阳电池板是最为重要的能量供应设备，为顺利完成各项既定探测任务保驾护航。

◆ “嫦娥一号”卫星（帆翼为太阳电池板）

2007年10月24日，我国首颗探月卫星“嫦娥一号”成功发射升空。2008年11月12日，由“嫦娥一号”拍摄数据制作完成的我国第一幅全月球影像图震撼发布，这是人类历史上第一张包含月球南、北两极完整月球表面影像图，也是当时世界上公布的分辨率最高的全月图。在圆满完成各项使命后，“嫦娥一号”于2009年落入月表指定区域，月球表面第一次留下了中国的印迹。

2010年10月1日，“嫦娥二号”卫星顺利发射，获得了“嫦娥三号”的预选着陆区的高分辨率图像，为“嫦娥三号”月面软着陆进行了技术验证。2012年12月15日，“嫦娥二号”在距地球约7×10^6 km的

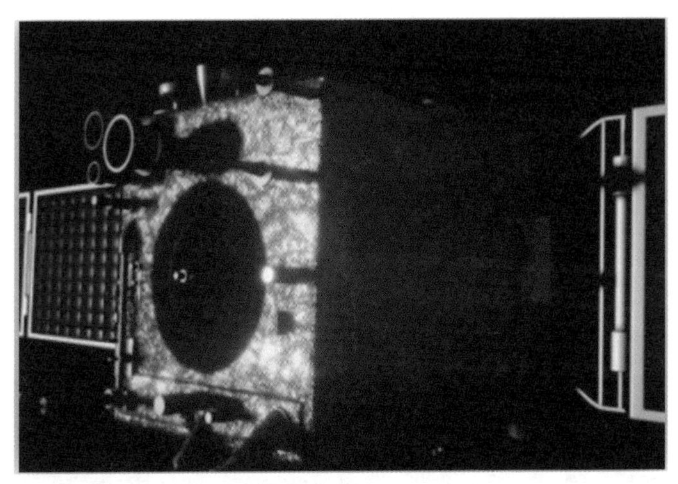

◆“嫦娥二号”卫星（帆翼为太阳电池板）

深空与图塔蒂斯小行星由远及近擦身而过，自此圆满完成各项任务与再拓展实验。随后，“嫦娥二号”围绕太阳做椭圆轨道运行，不断刷新距地飞行高度，并预计在2028年前后回到地球附近。“嫦娥一号”与“嫦娥二号”带着光荣与梦想，圆满完成任务并超期服役，为中国探月二期工程落月探测阶段打下了坚实的基础。

2013年12月2日，“嫦娥三号”探测器成功发射。它是我国首个月球软着陆的无人登月探测器，由着陆器和巡视器（又称“玉兔号”月球车）构成。软着陆成功后，“嫦娥三号”着陆器和“玉兔号”月球车拍摄了人类时隔40多年后再次获得的月球表面的最清晰照片。在供能方面，“嫦娥三号”着陆器和“玉兔号”月球车采用太阳电池板和充电储能电池的组合。月球上白天太阳能极其充沛，太阳电池板充电并存储电能。晚上由于供能不足需要降低工作强度，甚至会陷入冬眠状态。2016年8月4日，“玉兔号”月球车正式停止了长达31个月的工作，而“嫦娥三号”着陆器至今仍坚守岗位。

◆“嫦娥三号”着陆器

◆“玉兔号”月球车

2018年12月8日，“嫦娥四号”探测器成功发射。它是世界首个在月球背面软着陆和巡视探测的航天器。在供能方面，除了太阳电池和蓄电池的标准配置外，为应对夜晚过低的温度，探测器还需要携带放射性同位素元素钚-238来辅助供能。这是我国首次在航天器上应用“核电池”。2021年3月8日，“嫦娥四号”着陆器结束了寒冷且漫长的月夜休眠，受光照自主唤醒，迎来了第28月昼工作期。自主唤醒的背后，离不开太阳电池受太阳光照的再度供能。

◆“嫦娥四号”着陆器

◆“玉兔二号” 月球车

2020年11月24日 ，“嫦娥五号”探测器成功发射，这是中国首个对月球进行采样返回探测器，通过无数航天人的努力，我国必将在浩瀚星河中留下辉煌的足迹。

通过对“嫦娥工程”的介绍我们了解到，基于太阳电池的空间电源对于我国航天事业是起着基础性作用的。然而目前空间电源实验除了具有操作难和成本高等问题之外，还面临太空中恶劣的粒子辐射环境致使太阳电池性能衰减的问题。这将涉及材料、机械、电磁、辐射等多个工程领域的技术攻关。随着空间电源抗辐射能力、光电转换效率和可靠性的进一步提升，我们相信，未来我国一定能够让更多的“嫦娥”飞向月球，进而探索更为广袤的宇宙空间。

第三章　太阳电池种类知多少

自1954年美国贝尔实验室制造出世界上第一块实用化太阳电池板以来，经过几十年的发展，太阳电池家族逐渐壮大，种类繁多且应用广泛。那么太阳电池家族到底有哪些成员呢？一般而言，根据太阳电池光电转换材料的不同，分为硅太阳电池、化合物半导体太阳电池和新型太阳电池等。下面我们一起来了解这些太阳电池吧！

3.1 硅太阳电池

地球是太阳系中最神奇的星球，是目前人类发现的唯一存在生命的星球。我们知道，如果一个星球上存在生命，那么这个星球必须有能够合成有机物的生命元素（如C、H、O、N等）、适宜的温度、液态的水以及成分适当的大气。巧合的是，地球满足了上述所有条件。例如地球大气中O_2含量占21%，保证了地球上人和动物的生存；大气中含量占78%的N_2，为植物的生存提供了营养，保证了植物的生长；等等。在人类发现Si可以转换太阳能之前，地球里含量占27.7%的Si就存在于我们身边的沙里。

Si是地球上最丰富的元素之一，仅次于O。Si是典型的IVA族元素，是一种间接带隙半导体材料，目前已经成为微电子行业和光伏发电行业的基础原材料。单晶硅太阳电池在AM 1.5G（即太阳辐照度为1000 W/m^2，环境温度为25 ℃）条件下理论光电转换效率极限为29%。

硅太阳电池算得上太阳电池的“鼻祖”，它是以硅作为光电转换材料的太阳电池，也是最早实现商业化应用的太阳电池。硅太阳电池主要分为单晶硅太阳电池、多晶硅太阳电池和非晶硅太阳电池，那么这三类太阳电池又有什么不同呢？

单晶硅太阳电池

单晶硅太阳电池是以高纯度单晶硅棒为原料的太阳电池。单晶硅是硅材料的重要形式之一。单晶硅可以通过区熔法和直拉法生产，呈黑蓝色，化学性质稳定。单晶硅是目前广泛使用的光伏发电材料，单晶硅太阳电池是硅太阳电池中技术最为成熟的。与多晶硅太阳电池和非晶硅太阳电池相比，其光电转换效率最高，目前实验室制备的单晶硅太阳电池最高光电转换效率已超过26%。高效单晶硅太阳电池需要高质量单晶硅材料，单晶硅太阳电池使用的硅棒纯度需要高达99.99%~99.9999%。

◆单晶硅太阳电池片

多晶硅太阳电池

直到20世纪90年代，单晶硅还是整个光伏发电行业的基础材料。尽管单晶硅太阳电池的制造成本在不断降低，但与火力发电相比，单晶硅太阳电池发电仍然缺乏竞争力。20世纪80年代出现的铸造多晶硅技术发展迅速，以相对低成本、高光电转换效率的优势不断挤占单晶硅的市场，成为最具竞争力的太阳电池材料。

多晶硅是硅材料的另一种形态，熔融的硅材料在过冷条件下发生凝固，硅原子以金刚石型晶格形态排列成晶核，晶核逐渐长大，成为晶面取向不同的晶粒，不同晶粒结合在一起形成多晶硅。利用直拉法得到的单晶硅为圆柱状，所制备的圆形太阳电池无法有效利用电池组件的空间。如果将直拉单晶硅切成方柱状来制备方形太阳电池，则会造成材料浪费，增加制造成本。此外，直拉单晶硅的制备过程相对复杂，能耗大。而铸造多晶硅制备简单，且可以直接切割成方形硅片，能耗和材料损耗都较小。但是，铸造的多晶硅存在大量的晶界、位错和杂质，一定程度上限制了太阳电池的光电转换效率。目前，多晶硅太阳电池的实验室最高光电转换效率为23.3%，略低于单晶硅太阳电池的实验室最高光电转换效率。

◆多晶硅太阳电池片

既然单晶硅太阳电池和多晶硅太阳电池都是硅太阳电池，那么要如何区分呢？首先，在外观上，单晶硅太阳电池的边缘为弧状，表面无花纹；而多晶硅太阳电池的四个角呈现方角，表面有类似冰花一样的花纹。其次，在使用上，由于外形的缘故，单晶硅太阳电池无法做成正方形，因此当组装成光伏组件时，会有部分面积无法填满；而多晶硅片是正方形，不存在这样的问题。最后，在制备工艺上，多晶硅太阳电池的制备能耗要比单晶硅太阳电池少30%左右。因此，制造成本低于单晶硅太阳电池，制备多晶硅太阳电池相对会更加节能与环保。

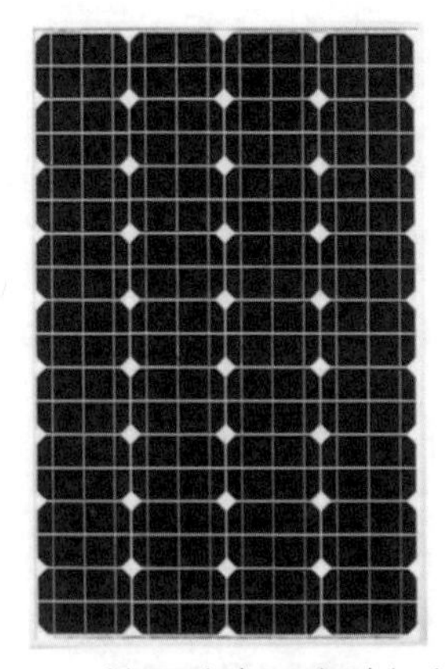
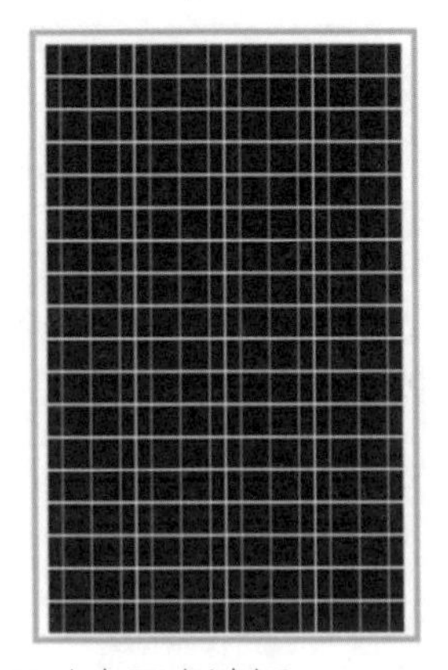

◆单晶硅太阳电池板与多晶硅太阳电池板

非晶硅太阳电池

尽管铸造多晶硅较单晶硅减少了一定材料的损耗，但因为硅片切割过程材料浪费不可避免，这无疑增加了多晶硅太阳电池的生产成本。此外，对于硅太阳电池来说，几百微米厚的硅吸收层中仅几十微米厚度的硅材料就可以吸收大部分的太阳光，其余厚度的硅材料主要起支撑作用。那么有没有更加廉价的硅太阳电池材料呢？

非晶硅作为一种半导体薄膜材料，由于其独特的物理性能，吸引了人们的注意。在非晶硅材料中，原子排列呈现短程有序、长程无序的特点。这种独特的原子排列方式使非晶硅呈现出直接带隙半导体的特性，其光吸收系数高于晶体硅材料。在可见光范围内，非晶硅的光吸收系数较晶体硅高一个数量级左右，本征光吸收系数达到10^5 cm^{-1}。也就是说，对于非晶硅材料，不到1 μm的吸光层就可以充分吸收太阳光，这将大幅降低成本。

作为理想的薄膜太阳电池材料之一，非晶硅具有制备工艺简单、制造成本低廉且可柔性制备等优点。但是，非晶硅太阳电池的光电转换效率相对较低。1976年，卡尔森等人首次利用非晶硅薄膜制备太阳电池，其光电转换效率仅为2.4%。目前，非晶硅太阳电池的实验室最高光电转换效率为14.0%，商业化组件的光电转换效率则低于10%。非晶硅薄膜太阳电池的性能受到S-W效应（Staebler-Wronski Effect，或称光致衰减效应）的制约，刚制备完成的非晶硅薄膜太阳电池暴露在光照下几个月后，其光电转换效率明显降低。S-W效应产生的光致衰减是非晶硅薄膜太阳电池最大的不足，这个问题目前仍未得到解决。在应用方面，非晶硅薄膜太阳电池主要应用于小型计算器、可穿戴手表和太阳能背包等小功耗器件中。

◆非晶硅电池组件

3.2 化合物半导体太阳电池

GaAs 太阳电池

GaAs太阳电池是指以GaAs为光电转化材料的太阳电池。在第二章中我们知道，1954年乔宾等人在美国贝尔实验室首次成功制备了实用的晶硅太阳电池，光电转换效率达到6%左右。同年，韦克尔（H. Welker）等人首次发现GaAs的光伏效应，并制备了第一块薄膜太阳电池。

虽然硅太阳电池在光电转换效率和制造成本上都有一定的优势，是目前商业化程度最高的太阳电池；但是硅太阳电池也有一些不足。例如，晶硅的带隙为1.12 eV，与太阳电池材料最佳带隙1.4 eV相差较大，不利于太阳光的充分利用；晶硅的吸收系数较小，需要较厚的硅吸收层才能有效地吸收太阳光，虽然非晶硅可以采用较薄的吸光层，但是光电转换效率较低。另外，硅太阳电池的性能受温度的影响较大，不适合制备聚光太阳电池组件和太空应用。

鉴于硅太阳电池的这些不足，科学家们在不断地研究开发其他种类的太阳电池。Si是IV主族的元素半导体，GaAs是Ⅲ-V族的化合物半导体。与Si相比，GaAs有独特的优势，其带隙为1.42 eV，接近最佳带隙1.4 eV，这意味着GaAs可以更有效、更充分地吸收入射到电池表面的太阳光，从而具有更高的理论光电转换效率。此外，与间接带隙半导体Si所不同，GaAs是一种直接带隙半导体材料，其光吸收系数是晶硅的10倍。硅太阳电池中硅吸收层的厚度为200~300 μm，由于GaAs具有较高的吸收系数，GaAs太阳电池中光吸收层的厚度只需1~10 μm。在太空应用方面，GaAs太阳电池具有极大的优势。

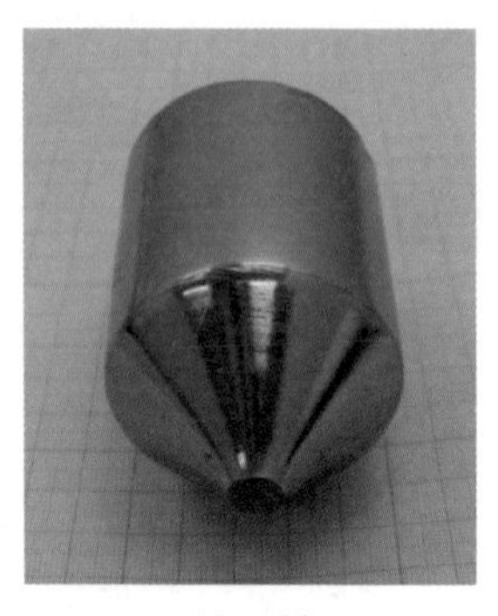

◆GaAs单晶棒

在太空中，尤其是远离恒星的地方，是十分寒冷的。太空中最冷的地方，温度大约为-270 ℃，这是令人无法想象的严寒。在接近恒星的地方，温度极高，例如太阳表面温度高达6000 ℃以上。此外，由于缺乏保温，太空中向阳侧和背阳侧的温差很大。以月球为例，白天其地面温度高达150 ℃，夜晚则低至-180 ℃。因此，对于要在太空中运行的航天设备和为其提供光电来源的太阳电池来说，温度的影响是一项严峻的考验。一般来说，太阳电池的光电转换效率会随温度的升高而降低。硅材料的温度系数较大，因而硅太阳电池的光电转化效率受温度影响较大，不利于作为供能电池。与硅相比，GaAs的温度系数则要低得多，在高温下的工作性能更好，因此更适合作为聚光太阳电池和应用于太空中。

除了温度外，致命的太空辐射也会影响太阳电池的寿命。长时间暴露在空间辐射下，太阳电池的光电转换效率会不断地衰减。与硅相比，GaAs另一个适合太空应用的优势是具有较好的防辐射性。加之GaAs太阳电池性能卓越，因此更适合应用于太空中。

目前，单结GaAs太阳电池的实验室最高光电转换效率可达29.1%。2018年，美国极光飞行科学公司制造了一架利用柔性GaAs薄膜太阳电池供能、翼展为74 m的太阳能无人驾驶机（以下简称“无人机”）“奥德修斯”。“奥德修斯”仅依靠太阳能提供动力就能有效地无限飞行，拥有当今持久性太阳能航空器中最大的有效载荷能力。

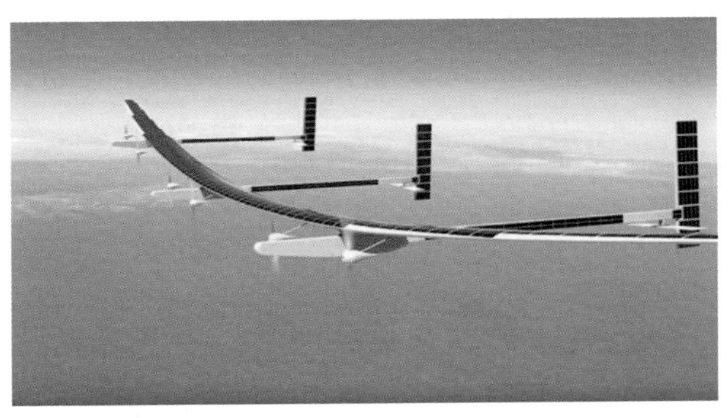

◆“奥德修斯”太阳能无人机

CdTe 太阳电池

◆麦克马斯特

CdTe太阳电池是一种以P型CdTe和N型硫化镉（CdS）的异质结为基础的薄膜太阳电池。1989年，美国凤凰城市郊的一座宅院中，高朋满座。大家都在聚精会神地听主人麦克马斯特（H. A. McMaster）演讲。麦克马斯特是玻璃行业的一位重量级发明家。他认为，随着工业的发展，玻璃的应用将会越来越广泛。1948年，他成立公司，通过使用淬火技术，发明了沿用至今的产品——钢化玻璃。

1980年初，退休的麦克马斯特仍在追寻发展玻璃工业的梦想。此时的美国正被能源危机步步紧逼。然而能源危机却让关于光伏发电的研究越来越火热。皮尔森提出的光伏发电系列理论引起了麦克马斯特极大的兴趣。他多次拜访参观了皮尔森的实验室，在参观过程中，有一件事情让他印象特别深刻：太阳电池其实是将吸光层夹在两块玻璃之间，玻璃占整个太阳电池重量的一大半。他思索着如果能将夹在玻璃中间的吸光材料简化成一层薄膜，电池成本将大大降低。麦克马斯特相中了一种光伏材料：CdTe。

CdTe材料很早就被发现。早在20世纪60年代，皮尔森和肖克利（W. B. Shockley）就提出，单节太阳电池的光电转换效率要想达到肖克利–奎伊瑟极限，半导体光伏材料最合适的带隙应为1.4 eV左右。研究发现，CdTe不但吸收系数很高（高达10^5 cm^{-1}，是Si的100倍），而且带隙比较合适（1.5 eV），最接近最佳带隙1.4 eV，与太阳光谱匹配良好。

20世纪50年代初，美国无线电公司制备出第一块CdTe太阳电池，光电转换效率达到2.1%，证明了CdTe是一种可行的光伏发电材料。一直以来，由于很难进行N型掺杂，CdTe太阳电池发展缓慢。1981年，田元生等人首先提出通过近距离升华法沉积N型CdS和P型CdTe来制备CdTe太阳电池，使其光电转换效率大幅提高到10%左右。随后，通过减小CdS厚度和优化透明电极，朱挺等人将CdTe太阳电池的光电转换效率提高到16%以上。目前，CdTe太阳电池的实验室最高光电转换效率为22.1%。

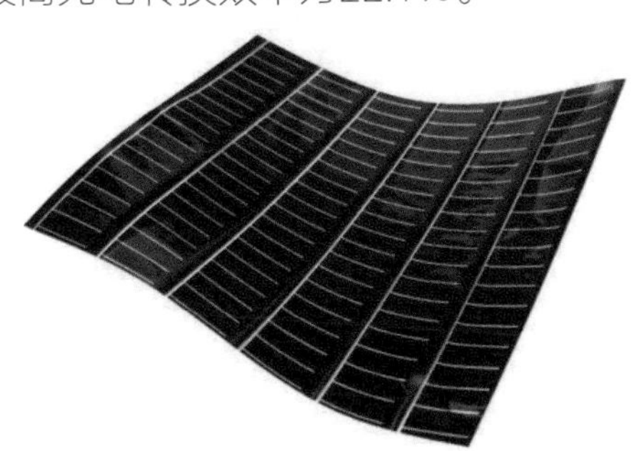

◆柔性CdTe太阳电池组件

CIGS 太阳电池

2019年，中国世界园艺博览会（简称“北京世园会”）在北京举办。为践行“让园艺融入自然，让自然感动心灵”这一理念，北京世园会在国际馆建筑顶部铺设了100块柔性CIGS薄膜太阳电池组件，面积约100 m^2，装机容量100 kW。据测算，铺上柔性光伏组件后，一把“花伞”一年可发电1.01×10^4 kW·h，可节省标准煤3.23×10^3 kg，减少碳排放9.41×10^3 kg，相当于植树514棵。

◆应用柔性CIGS薄膜太阳电池组件的北京世园会建筑

北京世园会采用的是CIGS太阳电池，而非传统的硅太阳电池。这主要是因为CIGS的光吸收系数很高，达到10^5 cm^{-1}，理论能量转换效率可达30%以上。而且作为一种直接带隙半导体材料，CIGS仅需要1~2 μm厚的吸收层就可以吸收99%以上的太阳光，大大减轻了电池的重量，适合屋顶光伏的应用。

CIGS太阳电池由最初的CIS太阳电池演变而来。1953年，哈恩（H. Hahn）等人首次制备出CIS薄膜材料。1974年，美国贝尔实验室的瓦格纳（S. Wagner）等人制备出第一块单晶CIS太阳电池。1976年，卡兹默斯基（L. L. Kazmerski）等人制备出第一块多晶CIS薄膜太阳电池；20世纪90年代之后，美国国家可再生能源实验室一直保持着CIS太阳电池的最高光电转换效率纪录。1999年，他们将Ga代替部分铟（In），制成了CIGS太阳电池，光电转换效率达到18.8%；2000年提高到19.9%。目前，CIGS太阳电池的实验室最高光电转换效率是22.9%，具有良好的发展前景。

除了应用于大规模发电，CIGS太阳电池在日常生活中也得到了广泛应用。例如，太阳能背包、太阳能单车等。

◆车筐中安装了太阳电池的单车

3.3
新型太阳电池

模拟光合作用原理的 DSC

前面介绍的几种太阳电池有着一个共同的特点，即各个功能层都是由固态物质构成，我们称这类太阳电池为固态太阳电池。而与之相比，接下来我们所介绍的DSC则属于一种半液态太阳电池。

DSC的研制灵感来源于自然界的光合作用，它以低成本的光敏染料及纳米TiO_2为主要原料，将太阳能转换为电能。1991年，瑞士洛桑联邦理工学院首次制备出了光电转换效率为7.1%的DSC。

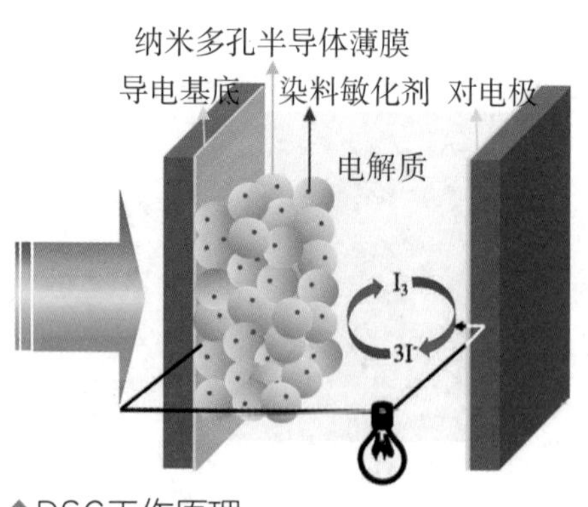

◆DSC工作原理

DSC主要由吸附染料的纳米多孔半导体薄膜、吸光的染料敏化剂、电解质、对电极和导电基底组成。纳米多孔半导体薄膜通常为金属氧化物（如TiO_2、SnO_2、ZnO等），被沉积在透明导电玻璃上作为DSC的光阳极，具有还原催化作用的金属Pt被蒸镀在透明导电玻璃上作为对电极。敏化染料被吸附在纳米多孔半导体薄膜上，含有氧化还原电对的电解质（最常用的是KCl）填充在正负极间。

当光照在DSC电池板上，透过透明光阳极的光被染料敏化剂分子所吸收，敏化剂分子中的电子受到激发，由基态跃迁到激发态，敏化剂分子自身变为氧化态，不稳定的激发态电子快速注入邻近的纳米多孔半导体薄膜的导带上，并迅速向导电玻璃聚集，而后流入外电路。失去电子的染料敏化剂分子很快从电解质中得到补偿，将空穴传输到对电极与电子完成一个循环。

与传统的太阳电池相比，DSC具有原材料丰富、成本低、工艺技术相对简单，易于大规模生产等优点。同时，DSC所有原材料和生产工艺都是无毒、无污染的，部分材料可以得到充分的回收，对保护环境具有重要的意义。

在大面积电池和产业化研究方面，2001年5月1日，澳大利亚的STI公司建立了世界上首条DSC中试线，生产出世界上第一批大面积DSC，并在2002年

10月建立了面积为200 m^2的DSC示范屋顶。我国在DSC产业化方面也做出了重大贡献。2004年，中国科学院合肥等离子体物理研究所建立了500 W的小型DSC示范电站。2012年，该研究所在铜陵市成功建成了500 kW的DSC中试线，为我国DSC的产业化应用进一步打下了坚实的基础。

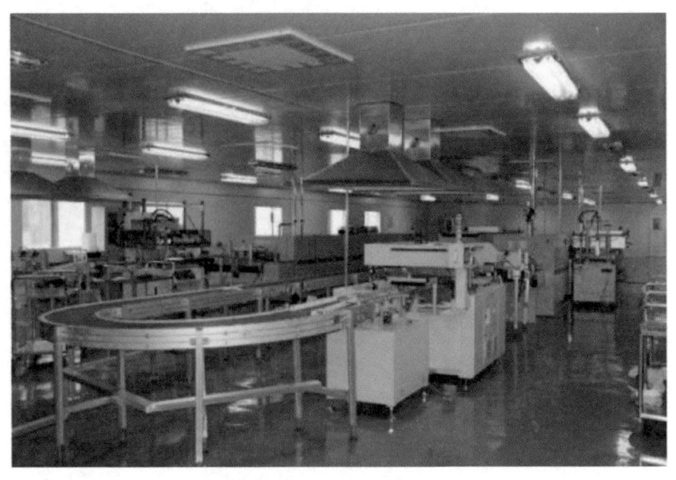

◆中国科学院合肥等离子体物理研究所完成的DSC中试线一角

量子点技术制成的 QDSC

量子点太阳电池（QDSC）是基于DSC迅速发展起来的新型敏化太阳电池，也是第三代太阳电池中的一种，它是将量子点（QD）技术以及量子力学理论应用到传统太阳电池中，从而实现超高理论光电转化效率的实用化电池。与DSC不同，QDSC将DSC中的吸光染料用QD取代，通过电化学沉积或化学浴沉积等方式将吸光材料沉积在纳米结构表面。

QD是尺寸在2~20 nm的低维纳米半导体材料，一般为球形或类球形。因其纳米级别的微小尺寸，QD材料表现出与相同组分的体相材料不同的物化性质，且其物化性质还可以通过改变形状、结构和尺寸来调控，例如，不同尺寸的QD受激发后可以发射不同颜色的光。常见的QD由I-V族、III-V族、II-VI族、IV-IV族或IV-VI族元素组成，其中QDSC中应用最为广泛的是CdS、CdSe和CdTe等II-VI族化合物；根据结构的不同分为核/壳结构、合金和金属离子掺杂QD。

与DSC的结构类似，QDSC由导电玻璃、介孔TiO_2传输层、QD、氧化还原电解质以及对电极组成。QDSC的工作原理也与DSC类似，QD吸光产生自由电子-空穴对，电子被注入介孔TiO_2传输层中留下空穴，QD的空穴和对电极上的电子通过氧化还原电解质中发生的氧化还原反应得到平衡，从而实现光电转化。QDSC的光电性能普遍低于DSC，这主要是由于QD在TiO_2表面的吸附不够紧密，因此产生的电子无法及时被TiO_2抽取，而是在电解质和QD表面与空穴发生复合。

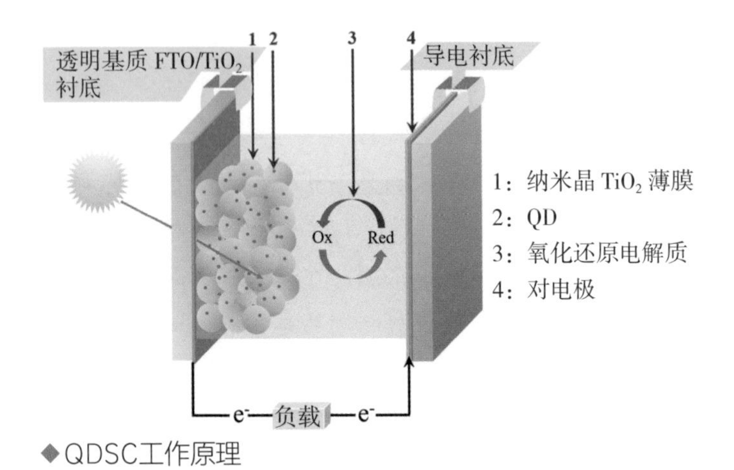

◆QDSC工作原理

由于QD的制备方法多样，尺寸、形貌、组成、结构均可调节，QDSC具有诸多优势：①QD可以实现可控的大规模高质量生产，制备工艺简单，成本低廉；②QD具有更高的吸光系数和更宽的吸光范围；③QD具有多激子效应，受一个光子激发可产生多个激子（束缚态的电子-空穴对），从而具有更高的载流子（自由的电子或空穴）浓度。

考虑到上述优点，科学家预测QDSC的理论光电转换效率可高达42%，远高于硅太阳电池31%的理论光电转换效率。尽管QDSC存在诸多优点，但目前对QDSC的应用研究还处在实验室阶段，众多实际问题和理论机理有待深入研究和探索。发展QDSC的关键是能够制备结构多样、低成本、高质量、无缺陷的QD，具有匹配的能级、优良的光电性能以及可与TiO_2紧密的吸附。QDSC目前的实验室最高光电转换效率为16.6%，此外，QDSC的稳定性也是一个受到广泛关注的研究方向，相比于DSC以及传统太阳电池，提高其稳定性仍有很长的路要走。实现QDSC稳定性的提高是QDSC商业化进程中的一个必须要解决的挑战。相信QDSC能够在未来的光电转换领域占有一席之地，促使人类早日摆脱化石能源时代，走向新的时代。

光电转化效率火箭式上升的 PSC

钙钛矿太阳电池（PSC）是近年来最受瞩目和最具潜力的新型太阳电池。PSC也是从DSC发展而来的新型太阳电池。其结构与DSC的结构相似，由导电玻璃、电子传输层、钙钛矿吸光层、空穴传输层、金属电极组成。2009年，日本桐荫横滨大学首次用钙钛矿材料作为敏化剂吸附在多孔TiO_2表面，制备了含有液态电解质的钙钛矿敏化太阳电池，光电转换效率为3.8%；2012年，瑞士洛桑联邦理工学院联合韩国首尔成均馆大学用固态空穴传输材料——spiro-OMeTAD取代液态电解质，制备出了光电转换效率为9.7%的全固态PSC。随后，仅用了7年的时间，PSC的光电转换效率就突破了25%，可以与诸多商业化太阳电池相媲美。

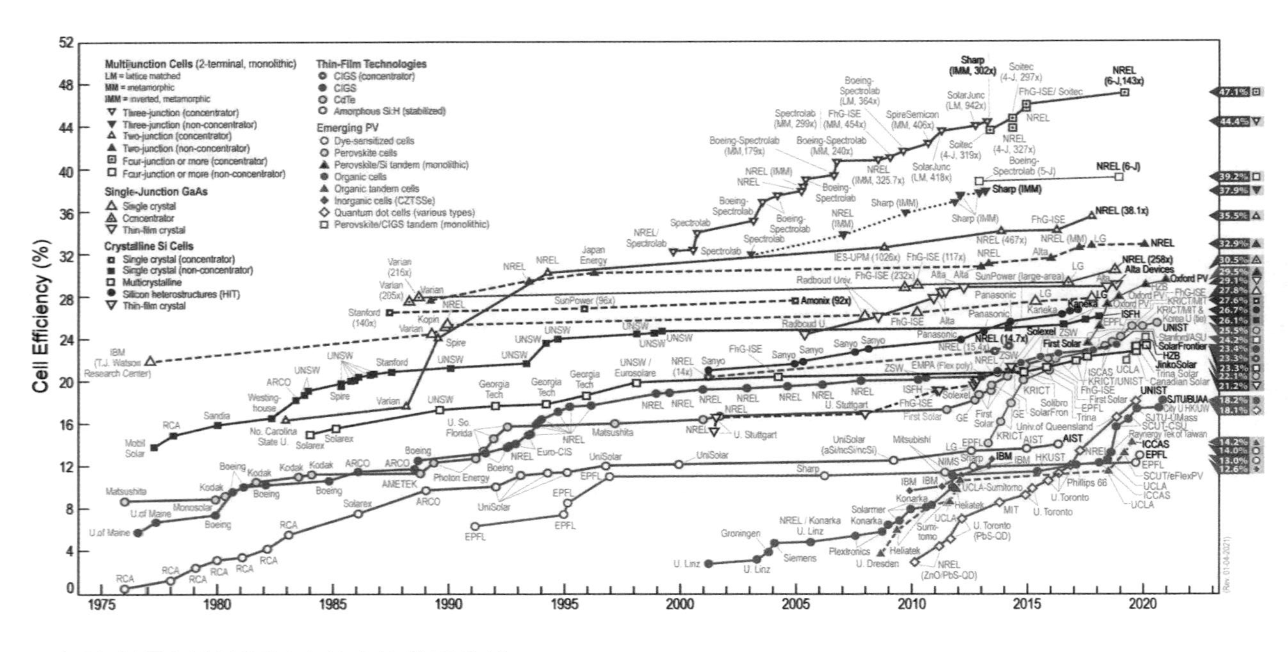

◆各种太阳电池认证最高效率的发展曲线

PSC的核心是钙钛矿材料。钙钛矿材料因具有钙钛矿（$CaTiO_3$）型晶格结构而得名，其典型的分子式为ABX_3，在最为广泛应用的钙钛矿材料中，A代表一价有机阳离子$CH_3NH_3^+$（MA^+）、$HC(NH_2)_2^+$（FA^+）等，B代表二价金属阳离子Pb^{2+}、Sn^{2+}等，X代表卤素阴离子I^-、Br^-、Cl^-等，三种离子键合形成正八面体结构的有机金属卤化物。

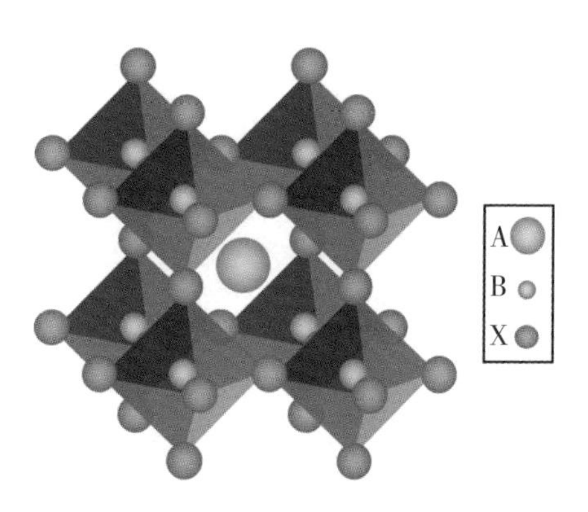

◆钙钛矿晶体结构

目前，PSC的实验室最高光电转换效率为25.5%，且仍在不断提高。PSC的制备成本低廉，制备工艺简单，具有商业化发展的巨大潜力，但其大规模产业化也面临着一定的挑战：首先，钙钛矿材料对水很敏感，因此PSC的稳定性较差；其次，高效PSC中含有有毒的Pb元素，对环境和生物产生威胁。

总而言之，实现无毒、稳定、高效的PSC制备，以及大规模高质量、产业化生产是未来PSC领域的不懈追求。

由有机材料制成的 OSC

有机太阳电池（OSC）是20世纪90年代发展起来的一种新型太阳电池，以有机半导体作为活性材料来实现光电转换，具有成本低、制造工艺简单、厚度薄、质量轻、支持大面积柔性器件制备等优点，发展和应用前景广阔，是当今新能源领域备受关注的研究前沿之一。OSC通常由导电玻璃、空穴传输层、有机半导体活性层、电子传输层、金属电极组成。

在OSC中，我们通常将P型材料称为给体材料（Donor），将N型材料称为受体材料（Acceptor）。OSC的活性层就是由这两种材料混合而成的。虽然OSC的工作原理也是基于PN结光伏效应，但是与无机太阳电池不同的是，当光照射到OSC的活性层上被给体材料吸收后，产生的是激子而非自由载流子，激子扩散到给/受体材料的界面后才被分离为自由电子和空穴，在内建电场的作用下，自由电子通过受体材料通道迁移至阴极，而空穴通过给体材料通道迁移到阳极，从而产生光电流。

目前，OSC的实验室最高光电转换效率为18.2%，虽然仍不敌众多商业化太阳电池，但成本低、制造工艺简单、容易制备柔性器件的OSC在未来的商业化普及是必然趋势，将成为世界能源中重要的有生力量。

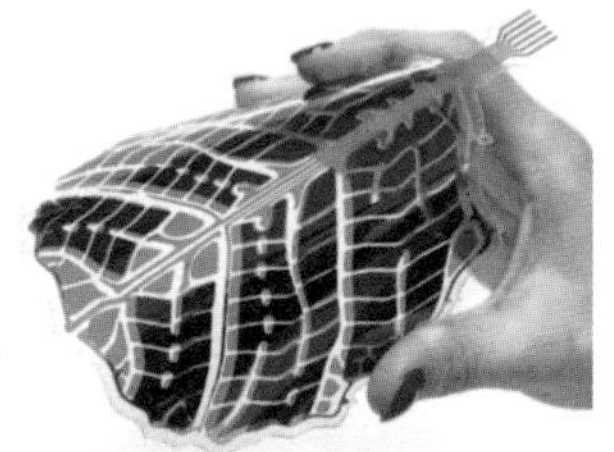

◆OSC柔性器件

CZTS 太阳电池

Cu_2ZnSnS_4（CZTS）太阳电池是2010年由美国普渡大学和华盛顿大学合作开发的一种低成本、原材料丰富的新型薄膜太阳电池。与CdTe太阳电池及CIGS太阳电池相比，CZTS太阳电池无毒、无污染，原料储量丰富，生产成本更低，性能十分稳定，极具大规模产业化的商业竞争性。目前，CZTS太阳电池的实验室最高光电转换效率为12.6%，仍有很大的提升空间。

3.4 叠层太阳电池

为了结合前文所述众多类型太阳电池的各自优势，有效利用更广范围的太阳光谱，获得更高的光电转换效率，科学家们提出了“叠层太阳电池”的概念。叠层太阳电池根据堆叠方式的不同可分为两类，一类是机械堆叠，即每个子电池都有电极终端，直接相连接；另一类是一体化制备，即在原完整的电池基础上再制备新的子电池，需要考虑两者的匹配性，最终的器件只有两个电极终端。目前光电转换效率最高的太阳电池就是由多结叠层太阳电池得到的。叠层太阳电池一般由导电玻璃、多个活性层、活性层间的连接层、金属电极构成。

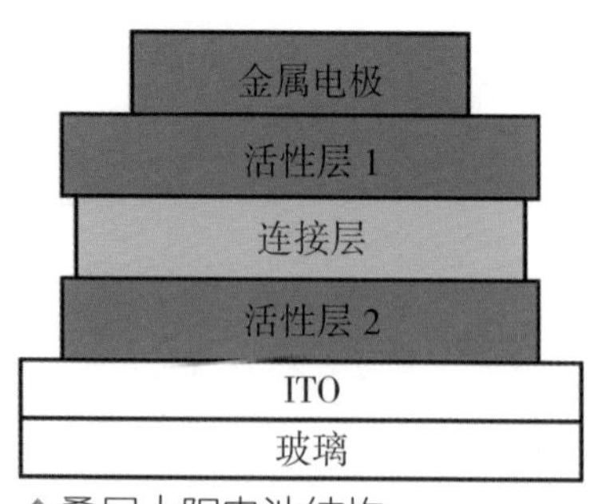

◆叠层太阳电池结构

叠层太阳电池种类繁多，包括多元化合物叠层（如$GaInP_2$/GaAs和CdS/CdTe），非晶硅叠层，多元化合物/硅叠层，染料敏化叠层，有机叠层，钙钛矿/有机叠层，钙钛矿/硅叠层，钙钛矿/量子点叠层等。此外，还有活性层多于两个的多结叠层太阳电池（如CdS/CdTe/CdS/CdTe/ZnTe:Cu/Ni这一结构电池）。叠层太阳电池要求各个活性层的吸收光谱能够互相补充，从而实现最大的光利用率，即靠近入射光一侧的活性层带隙最宽，能够吸收能量较高的光子，而能量低于其带隙的光子被透过，被下一层活性层吸收和转化。理论上，叠层太阳电池的电压等于各个子电池电压之和，电流等于子电池中的最小电流。为了取得性能优良的叠层太阳电池，各个子电池之间的连接层很关键，子电池的电流密度的匹配也十分重要。

通过本章的学习，我们知道了太阳电池有很多种类型，既可以根据吸光材料的不同区分这些太阳电池，也可以通过太阳电池的研发历程掌握它们的特点。理想的太阳电池具有以下特征：光电转换效率高，使用寿命长，制造成本低廉，原材料无毒。目前，最经典的硅太阳电池已经大规模产业化，但是成本仍旧较高，主要还是依靠政府投资和扶持，因此需要进一步研发新型太阳电池，更加充分利用太阳能。

第四章 光伏发电与我们的生活

随着科技的发展，太阳电池逐渐进入我们的生活，成为我们日常生活随处可见的亮丽风景线。大规模光伏电站成为边远地区的主要发电来源，解决了边远地区用电困难的问题，而一些较发达城市甚至将光伏电站作为当地的标志性建筑。除此之外，以太阳电池为发电来源的交通工具也逐渐进入人们的视野。光伏发电应用范围十分广阔，具有其他发电方式无法比拟的优势。本章我们将了解光伏发电的优缺点、太阳电池片的制备过程、光伏电站以及光伏发电的应用。

4.1
光伏发电的优缺点

光伏发电的优势

光伏发电是根据光伏效应原理，利用太阳电池将太阳能直接转化为电能的一种技术。光伏发电的出现，仿佛让传统能源失去先前耀眼的光芒，人们不禁产生疑问：光伏发电到底好在哪里呢？下面我们来详细介绍一下光伏发电的主要优点。

第一，资源丰富。太阳每秒钟照射到地球上的能量就相当于燃烧5×10^9 kg煤所释放的能量。目前全球人类每年消费的能量只相当于太阳在40 min内照射到

◆光伏发电

地球表面的能量，而太阳能在地球上分布广泛，只要有太阳光照的地方就可以使用光伏发电系统，不受地域、海拔等因素的限制。

第二，环境友好。作为一种取之不尽，用之不竭的清洁能源，太阳能转换为电能的过程不消耗燃料，不排放任何物质和无噪声、无污染，因此光伏发电对环境十分友好。

第三，可靠性。光伏发电系统使用寿命长，标准光伏发电系统的使用寿命可超过20年，其他配件标准质保也较长，且系统运行过程中无须人工看护，可实现无人值守。

第四，经济性。综合成本低，光伏发电系统通常不需要过多维护，只需要保持电池板表面相对干净，每年定期清洁就可以，此外需要维护逆变器和电缆以确保发电系统以最高效率运行。因此，除去发电系统的初始成本，在维护和维修方面的花费很少。

第五，应用多样性。大型并网光伏电站不仅可用于解决边远地区用电困难的问题，还可作为标志性建筑成为城市的名片。此外，太阳电池还可应用于交通、军事等方面，甚至为太空中的卫星供电。光伏发电还可以整合到建筑材料中，如智能变色光伏窗户、光伏幕墙等。

正是因为这些优点，光伏发电得到了广泛的研究与应用，越来越普遍存在于我们的日常生活中。

光伏发电存在的问题

光伏发电虽然有诸多优点，但其能量来源也对光伏发电有一定限制，存在以下缺点。

第一，能量密度低。当大规模使用的时候，占用的面积比较大，而且会受到太阳辐射强度的影响。这个缺点可通过技术改进逐步解决。

第二，间歇性和随机性。光伏发电需要太阳光作为能量来源，但在夜间无太阳光照，阴雨天太阳光弱等情况下，便导致光伏发电具有间歇性和随机性。光伏电站只有在有太阳光照时才能发电，甚至阴天、雨雪天、雾霾天等都会影响发电的这些缺点，导致光伏发电在可预见的未来难以完全替代传统形式的发电。大容量储能设备的研发将是未来解决这一矛盾的技术发展方向。

第三，地域依赖性。虽然太阳光几乎可以覆盖地球的各个角落，但不同地理位置的太阳能资源不尽相同，为了最大限度保障用电供应量，光伏电站需要选址在太阳光辐射强、日照资源丰富的地区，有一定的区域性限制。

第四，发电成本高。受技术、原材料等因素影响，现阶段光伏发电的每度电成本是火电发电的两倍，光伏电站一定程度上需要依靠国家补贴。未来随着技术的逐步发展，光伏发电成本也会逐步下降，目前已和常规发电相近。

就目前的技术而言，虽然光伏发电还存在一些缺点，但随着石油等化石能源进一步消耗，可再生能源尤其是太阳能资源将是人类不可或缺的重要选择。让我们一起肩负起重任，努力创新，共同致力于科学技术的发展，改变当今能源消耗的现状，建造一个美好的明天。

4.2 打开光伏发电的大门

太阳电池板介绍

光伏发电系统主要由太阳电池板、太阳能控制器、蓄电池和逆变器等部分构成，其中，太阳电池板是光伏发电系统中的核心部分，也是光伏发电系统技术要求最高的部分。它将太阳能转化为电能，推动负载工作，或是将转化成的电能送往蓄电池中存储起来，以便于太阳光所转化的电能不够负载使用时，保证光伏发电系统正常供电。

目前市场上主流的光伏发电设备是硅太阳电池板。硅太阳电池板主要由太阳电池片、玻璃、背板、接线盒、封装胶膜、铝框等部分构成。太阳电池板各部分的运行可靠性及价格成本，将直接影响太阳电池板的使用寿命及销售成本，进而影响整个光伏发电系统的使用寿命及销售成本。

太阳电池片的制备

在硅太阳电池板中，太阳电池片是实现光电转化的核心，也是实现光电转换的最小单元，一般来说，单个的太阳电池片不能直接作为电源使用，在实际应用中，是将几片或几十片单个的太阳电池片串联或并联起来使用。太阳电池片的制备工艺流程分为硅片清洗制绒、扩散制PN结、去除磷硅玻璃、沉积减反射膜、丝网印刷与烧结、激光划刻、测试分选等七个环节，具体如下。

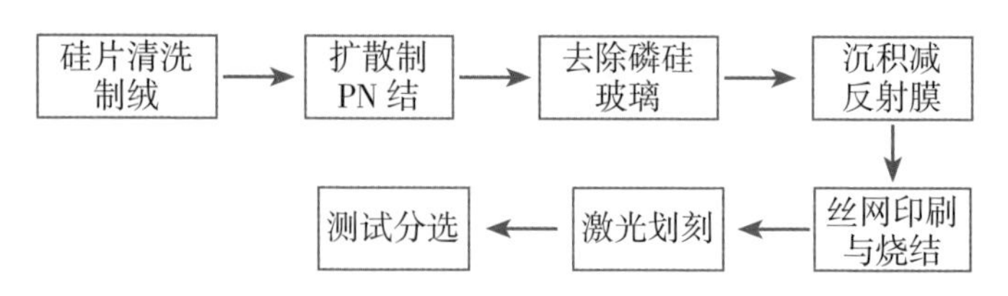

◆太阳电池片的制备工艺流程

（1）硅片清洗制绒。

硅片自身存在一些油污和金属离子，并且在加工过程中不可避免地沾染一些灰尘，因此在加工之前需要进行清洗。此外，要利用化学腐蚀把晶体硅切片时造成的损伤层去除。对于单晶硅而言，氢氧化钠（NaOH）、氢氧化钾（KOH）都是化学腐蚀剂的最优选择。腐蚀制绒不仅可以去除损伤层，还能达到减反射的效果，提高太阳光的利用率。

（2）PN结制备。

PN结是太阳电池片的心脏，光生载流子是在PN结中最终形成电流的。简单来说，如果将四价硅视作中性材料的话，那么五价磷掺入四价硅中，势必会使材料中电子较多，得到N型材料。同理，三价硼掺入四价硅中，得到P型材料。工业生产中，PN结是通过在掺硼的P型硅上方扩散适量磷原子来制备的。

（3）去除磷硅玻璃。

在制备PN结的过程中会产生磷硅玻璃，这层磷硅玻璃会降低电池的减反射效果，影响电池的正常工作，因而需要去除。目前去除的方法一般是将硅片浸在稀释的氢氟酸（HF）中，以此达到去除磷硅玻璃的目的。

（4）沉积减反射膜。

减反射膜，顾名思义就是一层能够降低太阳光反射、增加对太阳光的利用率的膜。目前，等离子增强化学气相沉积法是一种比较成熟的沉积减反射膜的方法。

（5）丝网印刷与烧结。

丝网印刷是一种成熟的制备金属电极的工艺。利用丝网印刷的方法，把金属导体浆料按一定的图形印刷在硅电池的正面和背面。通过高温烧结后能与硅片形成良好的欧姆接触。

（6）激光划刻。

将制备好的电池按要求划刻成需要的面积。

（7）测试分选。

对制备好的电池进行第一次测试分选，主要测量电池片各项光电特性参数，根据公式计算出电池片的光电转换效率，根据电池的光电转换效率对电池进行分类和筛选。

4.3 光伏电站

光伏电站的历史与现状

随着现代工业的持续发展，传统的化石能源等不可再生资源逐渐被消耗殆尽，而且这些化石能源对环境造成不可逆的伤害也逐渐引起人类的重视。这个时候，可再生能源进入人们的视野，人们希望能利用它来维持人类的可持续发展。其中，太阳能以其独有的优势成为可再生能源的佼佼者。20世纪80年代后，太阳电池的种类不断增多，市场规模逐步扩大。1986年，美国建成装机容量为6.5×10^6 W的光伏电站。1990年，德国马格德堡大教堂的屋顶安装了太阳电池。到了20世纪90年代，光伏发电更是发展迅速。2003年日本光伏组件生产占世界的50%，而德国首次规定了光伏发电的上网电价，进一步推动了光伏发电的市场化发展，使德国成为当时光伏发电应用发展最为迅速的国家。其他各国也纷纷效仿，根据国情制定了光伏发展计划，并投巨资进行技术开发及加速工业化进程。到2006年，世界上已经建成了十多座兆瓦级光伏电站，六个兆瓦级的联网光伏电站。

2008年，西班牙60 MW欧尔玛蒂娜光伏电站建成。2010年，加拿大97 MW萨尼亚光伏电站建成。2010年后，欧洲对光伏产业需求放缓，我国抓住这一机遇，光伏产业迅速崛起。2011年，200 MW格尔木光伏电站建成，更是在2015年建成2000 MW宁夏(盐池)新能源综合示范区电站，一举成为当时世界上最大的光伏电站。按照宁夏的光照条件，这一2000 MW光伏电站建成后，年平均上网电量高达28.9亿度。

◆格尔木光伏电站

随着光伏技术的不断发展，世界太阳电池年产量已经从1982年的9.3 MW发展到2019年底的115 GW。国际能源署公布的2020年全球光伏市场报告显示，2019年光伏装机容量排名前十的国家分别是中国、美国、印度、日本、越南、西班牙、德国、澳大利亚、乌克兰、韩国。随着全球范围内大量新技术发展、新一代光伏电站建设项目的实施，“最大光伏电站”的容量不断被突破。

光伏电站的突出贡献

随着光伏技术的不断发展与壮大，光伏发电正在对我们的生活和社会发展产生着积极的影响。首先，太阳能资源的开发利用大大降低了人类对化石能源的依赖，光伏发电给全世界带来了巨大的生态效益一定程度上减少了环境的污染。其次，光伏发电在解决贫困地区用电，节约水和化石能源等传统资源方面发挥重要的作用。最后，光伏电站的建设为解决就业、拉动国内生产总值和增加外汇等方面做出了积极的贡献。2017年，中国光伏应用领域拉动投资4000亿元以上，解决200多万人就业。从政治意义上讲，光伏产业已成为我国在国际交往中的一张亮丽名片。目前我国西部大部分地区的生活用电都来自光伏电站，以青海省为例，截至2020年底，太阳能装机容量约16 GW，光伏发电超过水电成为第一大电源。2020年，青海省太阳能发电量达到167亿度，占全省总发电量的17.6%。

世界上的十大光伏电站

（1）巴德拉（Bhadla）太阳能发电站。

巴德拉太阳能发电站位于多沙、干燥、干旱的印度拉贾斯坦邦焦特布尔县巴德拉地区，占地面积40 km^2，该电站于2019年3月建设完成，是截至2020年世界上最大的光伏电站，装机容量2245 MW。

（2）帕瓦加达（Pavagada）太阳能发电站。

帕瓦加达太阳能发电站位于降雨稀少、太阳辐射高的印度卡纳塔克邦帕瓦加达地区，占地面积53 km^2，该电站于2019年完工，装机容量2050 MW，是继2245 MW巴德拉太阳能发电站之后的世界第二大光伏电站。

（3）腾格里太阳能电站。

腾格里太阳能电站位于我国宁夏回族自治区腾格里沙漠境内，占地面积43 km^2，是目前我国面积最大的光伏发电站，也是世界第三大光伏电站，享有“太阳长城”的美誉，装机容量1547 MW。腾格里太阳能电站将光伏和沙漠治理、节水农业相结合，成功开了我国乃至全世界沙漠光伏并网电站的先河。

◆腾格里太阳能电站

（4）本班（Benban）太阳能电站。

本班太阳能电站位于埃及阿斯旺省本班地区，占地面积37.2 km^2。该电站于2018年2月开始施工，2019年11月施工完成，装机容量为1650 MW，是埃及第一座大型光伏电站，也是目前世界第四大光伏电站。

（5）努尔·阿布扎比（Noor Abu Dhabi）太阳能电站。

努尔·阿布扎比太阳能电站位于阿布扎比酋长国东部地区，于2017年5月开始建设，2019年4月开始商业运营，装机容量为1177 MW，努尔·阿布扎比太阳能电站的320万个太阳电池板可为90 000人提供足够的电力，并可减少1.0×10^9 kg CO_2排放量。

（6）卡努尔（Kurnool）太阳能电站。

卡努尔太阳能电站位于印度安得拉邦卡努尔地区，占地面积24 km^2，该电站于2015年4月开始投标，2017年7月开始发电运营，装机容量1000 MW。为解决水资源短缺的问题，卡努尔太阳能电站的全部水需求（包括用于清洁太阳能电池板和供应的水）均由为收集雨水而建造的水库来满足。

（7）大同太阳能“领跑者”基地。

大同太阳能“领跑者”基地位于我国山西省大同市采煤沉陷区。该基地于2015年9月动工，2016年6月30日前全数并网，装机容量1000 MW。据统计，

◆山西大同“领跑者”基地

从2016年7月到2017年1月，大同“领跑者”基地累计发电8.7亿度，月均发电量超过1.2亿度。

（8）安纳塔普尔（Ananthapuram）太阳能电站。

安纳塔普尔太阳能电站位于印度安得拉邦阿纳恩塔普尔区安纳塔普尔地区，占地面积32 km^2。总计划装机容量为1500 MW。安纳塔普尔太阳能电站第一阶段于2016年5月投入使用。

（9）龙羊峡太阳能电站。

龙羊峡太阳能电站位于我国青海省共和县与贵南县交界的黄河干流附近，紧邻龙羊峡大坝。龙羊峡太阳能电站一期工程于2013年建成，二期工程于2015年建成，总占地面积14 km^2。装机容量为850 MW。其太阳能电站与水力发电站集成在一起，电站与其中一台水力发电涡轮机相连，水力发电涡轮机在将电力分配给电网之前会自动调节输出，以平衡来自太阳能的可变发电量。

◆龙门峡太阳能电站

（10）维拉纽瓦（Villanueva）太阳能电站。

维拉纽瓦太阳能电站位于墨西哥科阿韦拉州维斯卡镇。该电站是目前拉丁美洲最大的太阳能项目，占地面积15 km^2，装机容量为828 MW，共采用230万块太阳能电池板，可以为130万户家庭供电提供足够的电力。

4.4
生活中的光伏发电

大规模电站

大规模电站一般指几兆瓦乃至数十兆瓦以上的光伏电站。这些大规模电站由于占地面积大，适合建在土地利用率不高、人口密度较小的边远地区。目前，全世界已建成的荒漠光伏电站有20多个，我国西部地区也在很大程度上依赖光伏电站来提供生活用电。

◆兴义市白碗窑40 MW光伏电站并网发电

相比于风力发电，光伏发电最大的优势在于装机容量灵活。它既可以根据需求和场地条件建成兆瓦级别的大规模光伏电站，也可以建成仅为一栋居民楼提供生活用电，甚至是仅需要满足一盏路灯夜晚照明的电量需求。

“睡”在水上的光伏电站

水上光伏电站开发主要是“光伏+水面”的模式。为什么要将光伏电站建在水面上呢？第一，水上光伏电站不仅能够最大限度地节约土地资源，而且对水生态环境的影响也较小。第二，水面地势较为开

◆水上光伏电站

阔，可以有效减小阴影遮挡对太阳电池板光电转换效率的影响。第三，太阳电池板覆盖水面可减少水体的蒸发量，节约水资源。第四，太阳电池板可以遮挡一部分太阳光射到水面，减少水体富氧量及光合作用，对于藻类的繁殖可起到一定抑制作用。第五，在太阳电池工作的同时不影响水产养殖。第六，水上光伏电站也可以作为观景点，产生旅游效益，实现经济效益最大化……

光伏建筑一体化

20世纪80年代以前，光伏发电一直局限于地面应用。自1991年“光伏发电与建筑物集成化”的概念被提出以来，光伏发电开始进入城市大规模应用阶段。这种将太阳电池放置于建筑物围护结构外表面进行利用的方式具有很多优点。首先，光伏建筑一体化的光伏发电利用方式能实现原地发电原地使用，不仅能节省并网投资，还能减少电力输送过程中的电流损失。其次，新型大尺度彩色光伏模块的出现，使太阳电池作为建筑物的玻璃幕墙成为可能，能够在一定程度上降低建筑物的整体造价。光伏建筑一体化因其独特的优点在国内外得以快速发展，未来很长的一段时间，光伏建筑一体化的应用模式将是最有前景的光伏发电应用方式之一。

◆上海世博会光伏建筑一体化

太阳电池与交通

近年来，由于科学技术的不断进步，尤其是太阳电池及其控制技术的不断提高，太阳电池在交通方面的应用也日趋增多。除了太阳能汽车和太阳能船只之外，掀起了一股共享经济热潮的共享单车，也不愿意放过利用太阳能的机会：前车框里一块小小的太阳电池板，便足以满足共享单车内部耗电装置的用电需求，即主要给共享单车的智能锁进行供电。太阳能除了应用在这些代步工具外，还在照明和交通信号方面得到广泛应用，如太阳能交通信号灯、太阳能路障警示灯、太阳能道路边缘指示器以及航标等，在交通运行及交通安全方面均扮演不可或缺的角色，发挥重要的作用。

◆太阳能交通信号灯

可折叠的太阳电池

可折叠的太阳电池一般指柔性薄膜太阳电池，其最典型的应用非太阳能背包莫属。太阳能背包通过太阳电池板吸收太阳能，再将太阳能转化为电能贮存在内置的蓄电池内，根据不同的接口，可满足各种电子产品的充电需求。这种将太阳电池与背包结合的设计，不但保留了背包原始的功能，更在保证美观，增强设计感、科技感的前提下，极大提高了背包的实用价值，让人们不再为手机、电脑等设备没电而烦恼。

◆太阳能背包

军事中的太阳电池

太阳能发电技术这些年已经在军事领域崭露头角，并且成为各国军事专家研发的重要对象。太阳能无人机作为一种完全靠太阳能驱动的无人机，一般采用超薄GaAs太阳电池发电提供无人机远距离飞行的用电需求。

◆GaAs太阳电池无人机

小型便携的太阳能军事装备也是太阳电池在军事领域的应用。例如，可穿戴太阳电池板，不仅能为单兵装备充电，满足巡逻电台等便携式通信装备的用电需求，还能在野战部队日常生活用电、部队外出作业或去无电区开展活动的时候派上用场。这类装备因其小巧轻便、便于携带、没有噪声、方便伪装等优点广受各国军方青睐。

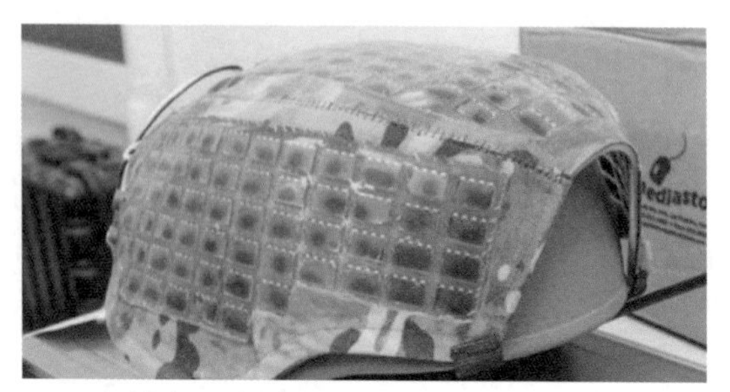

◆可穿戴太阳电池板

总之，随着科技的发展，太阳电池已经逐渐渗透到我们的生活中，成为我们日常生活不可分割的一部分，相信在以后的日子里，太阳电池将会得到更为广泛的应用，光伏发电也将成为最主要的发电方式。

第五章　光伏发电与其他新能源的协同应用

光伏发电是世界上公认的绿色能源利用方式，与我们的日常生活息息相关。但是，在广阔的市场空间下，光伏发电本身的一些短板，让光伏发电产生的电能无法满足电网的入网要求。为了解决这个问题，目前人们采取的措施主要包括：①联合其他能源实现综合利用；②与储能电池相结合。接下来，我们将对这两个措施进行详细的介绍。

5.1 光伏发电与其他新能源的“1+1”

在全世界范围内，能源和环境问题是我们迫切需要解决的问题。我们日常生活中常用的能源主要是煤、石油、天然气等化石能源，20世纪60年代以来，化石能源的使用所带来的环境污染和能源短缺的现实问题，使全世界开始对新能源的研究。从目前资源状况和技术发展水平来看，利用太阳能、氢能、风能、水能等可再生能源发电，是一种绿色、可持续的能源利用方式，那么光伏发电能否与其他新能源互补结合，共同创造一种能源利用的新模式呢？答案当然是肯定的。

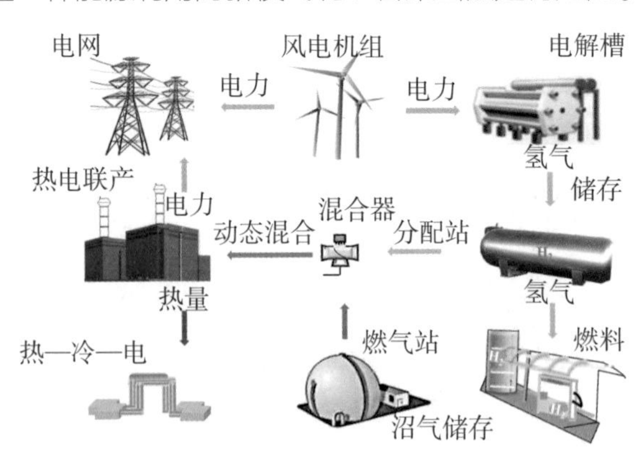

◆太阳能、氢能及风能在生活中的结合

光伏发电与氢能的“1+1”

氢能作为二次能源，不像化石能源可以直接开采使用，而是通过对其他能源的制取而获得。作为一种公认的清洁能源，氢能非常符合低碳环保的时代要求：H_2在燃烧时生成H_2O和少量氮氢化合物，这些少量的氮氢化合物只需通过一些简单的技术处理，就几乎不会对环境造成污染。

◆氢能的用途

1965年，美国最早开始研制液氢发动机，之后，相继成功研制了多种类型的喷气式和火箭式发动机，使得美国的航天飞机成功使用液氢作为燃料。近年来，我国也步入了氢能时代，“长征二号”“长征三号”运载火箭便是使用液氢作为燃料。同时，利用液氢代替柴油用于铁路机车或汽车也十分火热。

时至今日，氢能的利用已取得了长足发展，目前世界各国主要集中在研究如何能制取大量而廉价的氢。传统的制氢方法中，通过化石燃料制取的氢能占90%以上，此外，利用电能电解水制氢也占有一定的比例。近三四十年发展起来的利用太阳能制氢的方法，是通过利用太阳能将水转化为氢能。到目前为止，对太阳能制氢的研究主要集中在如下几种技术：热化学法制氢、光电化学分解法制氢、光催化法制氢、人工光合作用制氢和生物制氢等。

光伏发电与风能发电的“1+1”

如果说氢能作为一种新能源进入我们的生活，那么风能的利用就可以追溯到几千年前了。光伏发电是通过太阳电池板吸收太阳光将光能转换成电能，然后利用控制器进行稳压调节，再通过逆变器把产生的交变电流变成直流电流存储到蓄电池。风能发电的原理也是如此，只是把太阳电池板换成了风力发电机。然而，这两种发电模式都比较单一，如果把太阳能和风能发电相结合，说不定能够实现风光互补发电呢！

◆风光互补发电装置

其实，风光互补发电装置并不复杂。它主要结合太阳电池板与风机，通过风光互补控制器进行控制和调节后，利用风光互补逆变器进行转换，最后进行并网或者直接使用。这种模式中同时运用太阳能和风能，做到了“双保险”，只要有风或太阳，风光互补发电装置就能正常发电。这些风光互补发电装置在户用型太阳能发电、路灯等小型化应用中有着广阔的市场前景。

5.2
“1+1”能源走进我们的生活

农村用电

在我国广大边远地区，风能和太阳能的储量往往丰富。因此，利用风光互补发电系统解决用电问题的市场潜力很大。利用风光互补系统开发储量丰富的可再生能源，不仅能为广大边远地区提供最适宜也最便宜的电力服务，还促进了贫困地区的可持续发展。

◆风光互补供电系统在边远地区的应用

我国已经建成了千余个可再生能源独立运行的村落集中供电系统，但是这些供电系统都只提供照明和生活用电，不能或没有为生产创造财富，这使供电系统的经济性变得非常差。可再生能源独立运行村落集中供电系统的出路是经济上的可持续运行，这其中会涉及系统的所有权、管理机制、电费标准、生产性供电的管理、电站政府补贴资金来源、数量和分配渠道等。这种可持续发展模式对包括我国在内的所有发展中国家都有深远意义。

室外照明

世界上室外照明工程的耗电量占全球发电量的12%左右，在全球日趋紧张的能源供应和环境保护背景下，其节能化改造显得尤为重要和有意义。目前，基本的改造思路是太阳能和风能以互补形式通过控制器向蓄电池智能化充电，到晚间根据光线强弱程度自动开启或关闭各类发光二极管（LED）室外灯具。智能化控制器具有无线传感网络通信功能，可以通过后台计算机实现智能化管理。智能化控制器还具有强大的人工智能功能，对整个照明工程实施先进的计算机智能化管理，对照明灯具的运行状况巡检及故障和防盗报警。目前已开发完成的新能源新光源室外照明工程有风光互补LED智能化路灯、风光互补LED小区道

◆风光互补发电的LED路灯

路照明、风光互补LED景观照明、风光互补LED智能化隧道照明等。

航标应用

我国部分地区的航标已经采用了太阳能进行发电，特别是灯塔桩。但是也存在着一些问题，最突出的是在天气状况连续不佳的情况下太阳能发电不足，易造成电池过放，影响了电池的使用性能。春、冬两李发电不足的问题尤为突出。通常光伏发电不理想的天气状况往往是风能最丰富的时候，如晚上光照很弱，但由于地表温差变化大而风能加强；冬季太阳光强度弱而风大等。针对这种情况，巧妙采用风光互补发电系统代替传统的光伏发电系统可以解决光伏发电的不足。由此可见，风光互补发电系统在航标上的应用具备了季节性和气候性的特点。从前期的使用情况来看，风光互补应用可行、效果明显。

◆太阳能航标应用及装置

监控电源

我们知道，高速公路道路摄像机通常是24 h不间断运行，如果采用传统的市政供电，则需要铺设大量线缆，这一方面耗电较大，另一方面铺设线缆费用较高。采用风光互补发电系统为道路监控摄像机供电，不仅节能，还可以不需要铺设线缆。但是，我国有些地区会出现恶劣的天气情况，如连续灰霾天气、日照少、风力达不到起风风力等，会出现不能连续供电

◆风光互补监控发电系统

情况，因此我们可以利用传统的市政电网，在太阳能和风能不足时，自动对蓄电池充电，确保系统可以正常工作。

通信应用

目前，我国许多海岛、山区等地远离电网，但由于当地旅游、渔业、航海等行业有通信需要，这些地区也需要建立通信基站。这些基站用电负荷都不大，若采用市政电网供电，架杆铺线成本太高；若采用柴油机供电，存在柴油储运成本高、系统维护困难和可靠性不高等问题。要解决长期稳定可靠的供电问题，只能依赖当地的自然资源。而太阳能和风能作为取之不尽的可再生资源，在海岛上相当丰富。太阳能和风能在时间和地域上都有很强的互补性，海岛风光互补发电系统是可靠性、经济性较高的独立电源系统，适用于通信基站供电。加之基站一般配有维护人员，岛上可配置柴油发电机，以备太阳能与风能发电不足时使用。这样可以减少系统中太阳电池板与风机的容量，从而降低系统成本，同时增加系统的可靠性。

◆风光互补通信基站

电站应用

除了氢能、风能与太阳能的互补之外，在可再生能源中，利用风能、水能和太阳能协同发电也是发展迅速且前景广阔的发电模式。风光互补抽水蓄能电站是利用风能和太阳能进行发电，不经蓄电池而直接带动抽水机实行不定时抽水蓄能，然后利用储存的水能实现稳定发电和供电的电站。这种能源开发方式将传统的水能与风能、太阳能等新能源开发相结合，利用三种能源在时间和空间分布上的差异实现互补开发，适用于电网难以覆盖的边远地区，同时有利于能源开发中的生态环境保护。

◆风光互补抽水蓄能电站

风能、水能和太阳能在时间和空间上具有互补性，因而利用多种新能源互补发电比单一利用风能、水能或太阳能进行发电的方式更有效。目前，互补发电处于发展的初期，因此要从政策上扶持，在法律上保护，在研究上深入，共同促进其发展，努力让其发展成21世纪一种新型、高效、可靠的清洁能源。

5.3 光伏发电产能预期

光伏发电是一种非常高效的发电方式，太阳能也是清洁、无污染的可再生能源，所以国家在政策上给予了很大的支持，加之光伏发电能够和水力发电、风力发电、热能发电等进行综合利用，因此近年来很多太阳电池生产厂商聚焦于此，扩大规模，提高产能，使光伏发电市场出现了巨量的增长，各类集中式、分布式的光伏电站也如雨后春笋般迅速建成。在火热的市场应用中，光伏发电自身的一些短板也开始显现。

光伏发电面临挑战

根据统计资料，2019年全球新增光伏装机容量达到了97.5 GW，累计的光伏装机容量已经超过580 GW。其中，我国新增光伏并网装机容量达到30.1 GW，累计光伏并网装机容量达到204.3 GW，同比增长17.1%；全年光伏发电量2242.6亿度，同比增长26.3%，占我国全年总发电量的3.1%，同比提高0.5个百分点。由此可见，光伏发电的发电量已经呈现巨量的增长。

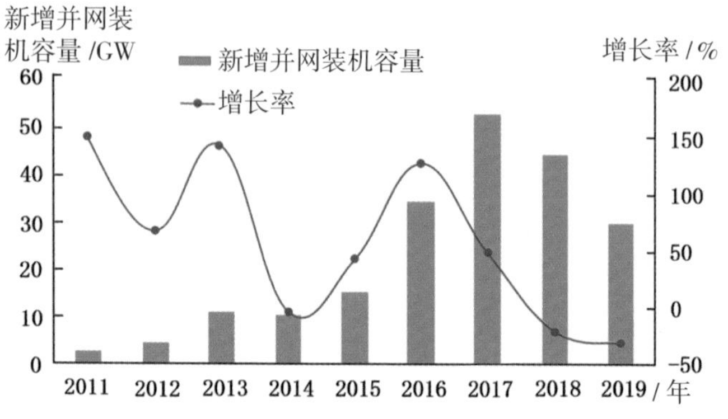

◆2011—2019年我国光伏新增并网装机容量及增长率

然而，快速发展的光伏发电，自身的一些短板也显现出来，主要体现在以下三个方面。

首先是超大规模的光伏发电，目前的变电站和输电线路已经无法承受光伏发电的海量的电能。

其次是光伏电站大多建设在边远地区，当地的用电需求并不大，光伏电站产生的电能必须输送至其他用电地区，这也使国家电网设施面临着严峻的挑战。

最后是由于地面接收的太阳光具有波动大、难预测等特点，因此光伏电站产生的电能无法满足电网的入网要求，直接入网将会给对电网系统造成严重的破坏。

与日俱增的光伏电站，给现有的国家电网系统带来了沉重的负担，部分地区电网出现弃光的现象，拒绝接收光伏电站发出的电能，这使快速发展的光伏发电面临着严峻的挑战。

全力“抢救”光伏发电

为了解决光伏发电面临的难题，国家能源局及时伸出了援手。2017—2018年，国家发展改革委、国家能源局先后出台了《解决弃水弃风弃光问题实施方案》和《清洁能源消纳行动计划(2018—2020年)》，要求各地积极采取措施加大力度消纳可再生能源，特别是国家电网、南方电网、内蒙古电力等公司，要求各地采取多种技术和运行管理措施，不断提升系统调节能力，优化调度运行，使可再生能源利用率可以显著提升，确保弃水、弃风、弃光状况得到缓解。

为了响应国家的政策号召，国家电网迅速做出了表率，取得了显著成效，具体体现在以下五个方面。

（1）在电网建设方面，截至2018年底，建成新能源并网和送出线路5430 km，满足了506个新能源发电项目并网和输送需要；建成15条提升新能源消纳能力的重点输电通道，提升新能源送出能力3.7 GW。

（2）在调度运行方面，完善调度支持系统，提升电网实时平衡监测能力，提升新能源功率预测精度，探索新能源功率预测的实用化应用。

（3）在市场交易方面，健全省间交易制度，持续扩大清洁能源市场交易规模，创新清洁能源交易品种，积极组织开展发电权交易、直接交易、打捆外送交易等。

（4）在分布式光伏方面，进一步优化分布式太阳能发电并网服务，累计接入分布式太阳能发电并网容量47 GW，同比增长67%。

（5）在技术创新方面，持续加强清洁能源技术创新，加大科技研发投入，建成江苏同里综合能源服务中心、张北柔性变电站及交直流配电网、镇江电网侧储能电站等示范工程，进一步推动完善标准体系建设，深化清洁能源领域交流合作。

目前，在国家及地方政府机构、电网公司和太阳能发电企业等多方的共同努力下，弃光问题已经得到有效缓解。然而，由于光伏发电本身具有一定的不可控性，因此在大规模光伏发电的输电方面，电网公司目前仍然没有完美的应对措施。针对这一问题， 光伏发电急需储能电池的协助来进一步提升电力质量，保证可再生能源尤其是风光外送和消纳。

5.4
储能电池

快速发展的光伏发电以及并网发电带来的电网问题，使人们将目光转向了储能电池。储能电池的作用就是将光伏电站发出的电能存储起来，然后根据具体的需求，将电能释放出来。在光伏发电的应用实践中，人们发现储能电池具有非常明显的优势，如技术成熟、容量和功率可调、系统成本低、安全可靠、循环寿命长和易于调控等。因此，在大规模的光伏发电应用中，储能电池正在迅速发展。

储能电池的用武之地

在光伏发电的实际应用中，储能电池，一般是指包含储能电池（动力电池）、电池管理系统、功率转换系统以及能量管理系统在内的电池储能系统。传统电网是一个发、输、配、用瞬间完成的动态供需平衡系统，需要时刻维持功率平衡，电网的电压波动和频率波动也要控制在一定的范围之内，对电能质量也有较高的要求。储能电池作为一种电力电子技术与动力电池技

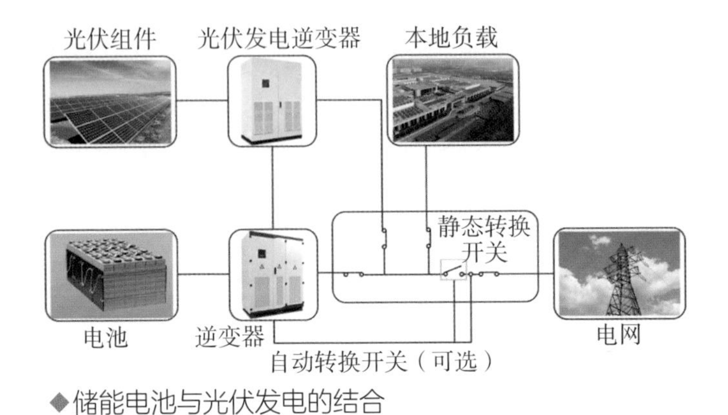

◆储能电池与光伏发电的结合

术相结合的新型系统，具有无可比拟的响应速度和控制精准度，特定条件下完全可以充当发电站的角色。正是由于储能电池具有模块化设计、配置灵活、可分布式使用的特点，使得储能电池能够满足大规模并网的要求，从而发挥负荷调控的作用，其具备电源和负荷两种角色特征，可以依据需要瞬间转换身份。

储能电池应用于新能源发电，不仅要在技术和性能上满足要求，还要具有一定的经济效益。由于电价随着时间的变化而有峰谷的差异，因此在电价最低时将富余电量存储起来，在电价最高时将其卖出，可以实现较为可观的经济收益。同时，用户侧储能电站可以用来削峰填谷以节省电费开支，也可以做需求侧响应以获得奖励，还可以同时做容量控制管理以节省容量费，其商业价值不可低估。此外，用户侧储能电站在理论上也可以接受当地电网的调度，为本地区调峰调频做出贡献，这不仅会使电网变得更加坚强可靠，还可以节省电力投资，减小负荷集中地区的增容改造压力。

在环保方面，储能电池的价值主要体现在与可再生能源发电的配套上。储能电池可以大幅度改造能源结构，减少煤等化石能源的使用，进而实现减少CO_2排放的目的。储能电池的应用，可以减轻风电、光伏发电等对电网的不利影响，还能平滑负荷曲线中的极端峰谷电荷，减轻输电线路的损耗和负担。此外，储能电池还能根据需求提供电力，减少电力市场中的电价波动，降低金融风险，这也是电池储能的安全价值。

针对风电场、太阳能发电站等可再生能源发电站，由于电站有着大小不同的功率和容量，相应的储能电池需要采取不同的储能技术。对于功率和容量比

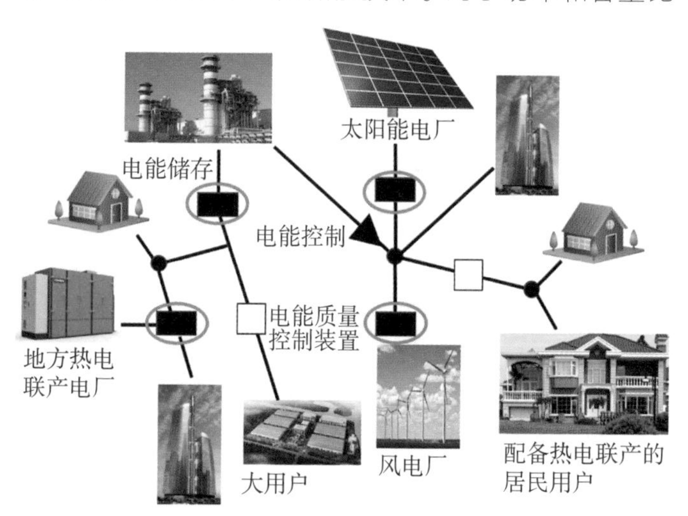

◆电池储能的多种应用方式

较小的电站，如峰值功率在10 kW以下的电站，则采用铅酸电池和锂离子电池作为蓄电池，这非常适合用于电力存储、负荷调节和系统控制。对于更大的功率和容量的电站，如峰值功率达到100 kW等级的电站，则钠硫电池、液流电池等大规模储能电池就能派上了用场。对于超高功率的大型电站，如峰值功率达到1 MW的电站，储能系统的技术要求则较为苛刻，需要抽水蓄能、储热站、压缩空气储能等储能技术，以实现较长的使用寿命和稳定的循环性能。

目前，储能电池主要应用在以下五种情况。

（1）新能源发电配套电池储能。其主要作用是为了平滑风电场、光伏电站不稳定的电力输出，并作为峰值电站，参与调峰运行。

（2）作为电力辅助服务的储能电站，其主要作用是稳定电网运行，保障电网安全。这类电站可以参与电网调峰调频调压，替代部分调峰电厂、调频机组、旋转备份和事故备用等。

（3）微电网储能。在微电网中，电池储能系统扮演着重要角色，例如维持供电时间和调频调压等。

（4）用户端储能，其主要作用是用户侧的削峰填谷、需求侧响应和容量管理等。

（5）特种场合储能电源，如机场、码头、核电站、重要设施和军事基地等，用于保障设备安全、企业安全、地区安全和国家安全。

储能电池的发展

在全球不断增长的能源需求下，化石能源终将燃烧殆尽，发展可再生能源是大势所趋。近年来，可再生能源利用，特别是光伏发电，得到了快速和大规模的应用。为了助力光伏发电，从2017年开始，山西、湖南、青海、河南、内蒙古、新疆、安徽和江西等省（自治区），纷纷出台政策，要求企业增加风电和光伏发电等项目的储能装置配置。与此同时，新能源汽车的快速发展，也使储能电池的价格不断下降。根据储能用途不同，当前的铁锂储能电芯价格已经降至0.6~0.8元/(W·h)，到系统集成层面，价格在1.3~2.0元/(W·h)。

得益于大规模的可再生能源发电电站、国内电力体制改革的政策红利和储能电池行业的快速发展，应用于电网侧的储能电池规模大幅增加。据统计，截至2019年底，全球新增储能装机3.6 GW，累计装机规模达到184.6 GW，同比增长1.9%。其中，我国新增储能装机1.1 GW，占全球新增装机的30.56%，累计装机规模32.4 GW，占全球市场总规模的比例升至17.6%，为全球储能装机最大的国家。未来，光伏发电与储能电池互补的发展规模将会进一步扩大，将迎来火热的新时代。

第六章　太阳电池给人类带来的更多奇迹

太阳电池的快速发展和应用潜力使其备受瞩目。未来，太阳电池如何进一步走向世界？太阳电池与生俱来的重大问题将如何解决？如何绿色发展和良性利用？这些问题必将促使一代又一代的科学家继续探索研究。

6.1 太阳电池的发展方向

虽然太阳电池具有众多优势并且已经走进大众的视野，然而要想实现其大规模应用与进一步发展，还有以下问题需要我们去解决。

第一，光电转换效率问题。科技工作者正从不同的角度改进制备电池的材料和制备方法来提高电池光电转换效率。在目前所研究的新型太阳电池中，小面积太阳电池容易得到较高的光电转换效率。然而，大面积的太阳电池的光电转换效率还是比较低。在实验室所制备太阳电池的有效面积仅为几平方厘米，这难以满足产业化的要求，也为太阳电池的商业化、实用化造成了极大的困难。

第二，稳定性问题。在实现太阳电池高光电转换效率的前提下，提高太阳电池稳定性是目前研究的一个难点。太阳电池对H_2O和O_2较为敏感，尽管目前晶硅电池组件理论寿命可达25年，但在实际应用中难以实现。在实验室研究、制备中能达到的稳定性也难以在实际应用中实现。因此，这也限制了太阳电池的产业化应用。

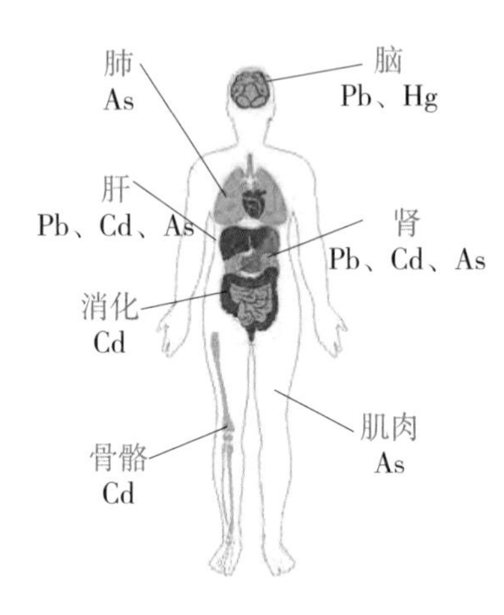

◆重金属对人体的危害

第三，安全、环保问题。新型薄膜太阳电池虽具有质轻、简便等优点，但也存在重金属污染等问题。如何避免使用铅（Pb）、镉（Cd）等对人体有害的重金属，兼顾较高的光电转换效率也是目前面临的重大挑战。Pb污染是重金属污染较大的一种，Pb元素一旦进入人体就极难被排出，会直接伤害人的脑细胞，致使胎儿智力低下，老年人痴呆，甚至脑死亡等。目前用其他元素替换Pb、Cd等重金属元素通常要以降低太阳电池光电转换效率为代价，因此制备对人与环境友好的绿色太阳电池，寻找更合理的方式解决含重金属元素带来的问题，对太阳电池的产业化发展尤为重要。

第四，造价问题。航天所用的太阳电池板是由多种材料组合而成，但主要材料是Si。太阳能级的Si是光伏产业的基本原材料，其纯度一般为99.99%~99.9999%。太阳能级Si制备的原材料是金属级Si，金属级Si的纯度一般为98%~99.5%。从金属级Si到太阳能级Si的提纯一般采用硅烷法(或称“西门

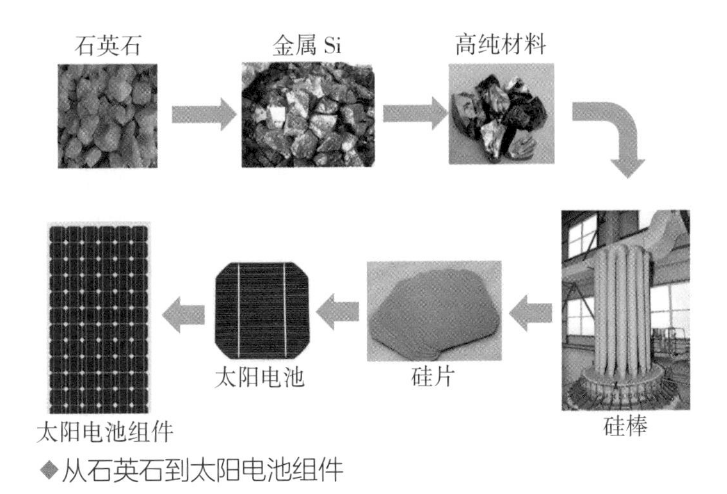

◆从石英石到太阳电池组件

子法”)，其缺点是能耗高、污染严重、设备投资和生产成本较高。

第五，弃光现象。大型光伏电站一般建立在人烟稀少的边远地区，当地需求量不大，光伏电站发出的电需要经过长距离输送，成本较高，因而存在弃光现象。我国太阳能资源最丰富的甘肃、青海和西藏等地虽然建设了很多大型光伏电站，但是如何外送或者就地消纳的问题都难以解决。为了解决这种问题，我国建设了“西电东输”工程，为解决弃光现象探索出了一条可行之径。

第六，储能装置成本较高。在通电不畅的山区利用太阳电池发电需要采用储能装置将电能存储起来，这样就能持续使用。但储能装置一般比较昂贵，这也限制了太阳电池的普及。

第七，其他问题。太阳电池的研究也牵涉到一些社会问题和人才培养问题等。光伏发电会造成一定程度的光污染，对人们的生活造成了影响。另外，光伏发电的发展，需要大量的科研人才，没有扎实的创新型后备人才储备，太阳电池技术的发展只是纸上谈兵。

总之，太阳电池的发展之路充满艰难与挑战，但是在国家政策大力支持与众多科研人员的精心钻研下，前景必将一片大好。

6.2
太阳电池材料的开发

制作太阳电池的材料会用完吗？在回答这个问题之前，我们先了解历史上一个赫赫有名的赌约——西蒙之赌。1980年，美国经济学家西蒙(J. L. Simon)在《科学》杂志上发表了他对未来的一些构想。他认为，人口快速增长不是危机，因为这将会有更多的人提供更有创造力的思想，世界将会变得更加美好。

西蒙的观点引来了大量的质疑与反对，其中就有斯坦福大学生态学家埃利希(P. R. Ehrlich)，他认为随着人口的增长，资源会出现短缺，商品一定会不可避免地变贵。西蒙以提出挑战的方式做出了答复，他让埃利希选出任何一种自然资源和任何一个未来的日期，如果随着未来世界人口的增长，资源变得更加短缺，而出现资源价格上涨的现象，则埃利希赢下赌约。埃利希接受了西蒙的挑战，他精心挑选了铬、铜、镍、锡、钨这五种金属，以1980年9月29日的价格为准。假如到1990年9月29日，这五种金属的价格在剔除通货膨胀的因素后上涨了，则埃利希获胜，反之西蒙获胜。1990年，赌约的结果出来了，五种金属价格都下跌了，西蒙最终赢下赌约。

看到这里，大家可能会很奇怪，这五种金属无疑是不可再生资源，当这五种金属越来越短缺时，其价格必定上涨。但为什么现实中当这五种金属越来越少，其价格反而下跌呢？其实答案的关键在于价格上涨刺激供给的作用。我们知道，世界上任何一种资源都有其替代品，不可再生资源同样也有替代品。这五种金属的价格上涨，就刺激了人们开发它们的替代品。如铜和锡过去主要应用于制造器皿，当铜和锡的价格上涨时，替代铜和锡的塑料制品就被发明出来并大量生产。当替代品大量生产出来时，供给增加，对这些金属的需求也就大幅度减少，价格自然就下跌了。

文至于此，相信大家已经有了前文问题的答案，下面我们将以目前市场占有率最高的三种光伏产品原材料在地球上的储量来介绍其未来一段时间内的发展前景。

首先是在市场上广泛使用并开始走进每家每户的晶体硅太阳电池，其原料都是Si矿石。Si矿石在自然界中广泛存在，其含量约为地壳重量的95%。但是否具有开采价值，则需要根据矿石的质量和开采的难易等因素决定。一般说来，SiO_2含量90%以上的硅石才有利用价值。通常同时具备露天开采和交通运输便利等因素的矿石开采才有经济意义。从资源分布来说，巴西Si资源总量以及出口量均占世界首位，而我国是全球硅产业最大的生产国和消费国。

CdTe太阳电池中Te属于稀有元素，全球Te矿资源储量约2.4×10^{7} kg。但Te矿资源分布稀散，大多伴生于其他矿物中或以杂质形式存在于其他矿中，提炼非常复杂。2019年Te的年产量为4.7×10^{5} kg，即使全部用于光伏产业也是远远不够的。

CIGS太阳电池作为产业化较高的一种太阳电池，其面临的资源问题同样十分严峻。In属于稀有分散金属，全球In的地质储量仅为1.6×10^{7}~1.9×10^{7} kg，而我国In的储量约为1.3×10^{7} kg，占全球储量的三分之二。

综上，制作太阳电池的材料是十分丰富的，因为随着科技的进步和开采一种材料难度的加大，其他材料就会被研究应用于太阳电池中，未来广泛使用的太阳电池所用材料很可能现在尚未被人类开发利用起来；同时，新的太阳能光电转换技术将被开发，以实现更高的光电转换效率和稳定性。总之，人类来自自然，人类的生活更加离不开自然，自然是生态平衡的关键，人类的发明创造的灵感大多数来自自然。但即便如此，我们在日常生活中仍需节约能源，因为环境需要我们大家共同去保护。

6.3 太阳电池与我们的梦想

本书的前五章全面呈现了太阳的诞生历程、太阳能的来源、太阳能与其他能源的关系以及人类对太阳能的利用；系统介绍了太阳电池的种类、工作原理、发展历程以及发展前景；全面分析了光伏发电的优势和短板，介绍光伏发电的历史、现状以及实际应用，相信大家对太阳电池的相关知识、原理和技术有了全面的认识。我们都相信，太阳能开发利用将成为未来能源利用的常态，将会融入科技，融入我们的生

◆澳大利亚昆士兰大学屋顶光伏系统

活。那么未来与太阳电池结合的生活又是怎样一幅画面呢？

澳大利亚昆士兰州昆士兰大学光伏建筑一体化教学楼是澳大利亚最大的屋顶并网光伏系统之一。该系统在白天可满足校园内用电高峰期6%的电力需求，每年可发电约185万度。校区内可减少的碳排放量相当于每年335辆汽车所产生的碳排放量。当我们生活在这样一个以可再生能源尤其是太阳能为主要能源的世界时，雾霾将和我们挥手再见，天将变得更蓝，空气变得更加干净，水将变得更清澈。

随着技术的不断发展，太阳能产品也逐步走进人们的生活。太阳能路灯、太阳能热水器给人类生活带来了更多的便利。太阳能产品日新月异，让太阳能拥有更大的发展空间。而科学家们为了使人们获取更加稳定、丰富的太阳能，将结合储能系统实现太阳能的错时利用，并应用纳米技术改善太阳电池性能。科学家甚至设想出了神奇的宇宙电站。相信在将来的生活中，太阳能会给人类带来更多奇迹。

我们期待着未来的某一天，住在这样的一个场景中：屋顶上装着追光百叶，随太阳照射角度变化而改变角度，它既能屋顶遮阳，又能提高了室内采光度。墙面上已经没有了窗户，而阳光透过智能可控的薄膜发电幕墙，让室内显得更加敞亮、温暖；同时家里的电灯、冰箱、空调等家用电器，通过玻璃的光能转换照常工作，连车库里的车也可使用光能转换成电能，储存在蓄电池中为汽车提供动力。而这种低碳环保的未来梦想生活的实现，离不开太阳电池，更离不开我们一代代人为了梦想而努力。